機械系 教科書シリーズ 15

流体の力学

博士(工学) 坂田 光雄 共著
博士(工学) 坂本 雅彦

コロナ社

機械系 教科書シリーズ編集委員会

編集委員長	木本　恭司	(元大阪府立工業高等専門学校・工学博士)
幹　　　事	平井　三友	(大阪府立工業高等専門学校・博士(工学))
編 集 委 員	青木　　繁	(東京都立産業技術高等専門学校・工学博士)
(五十音順)	阪部　俊也	(奈良工業高等専門学校・工学博士)
	丸茂　榮佑	(明石工業高等専門学校・工学博士)

(2007年3月現在)

刊行のことば

　大学・高専の機械系のカリキュラムは，時代の変化に伴い以前とはずいぶん変わってきました。

　一番大きな理由は，機械工学がその裾野を他分野に広げていく中で境界領域に属する学問分野が急速に進展してきたという事情にあります。例えば，電子技術，情報技術，各種センサ類を組み込んだ自動工作機械，ロボットなど，この間のめざましい発展が現在の機械工学の基盤の一つになっています。また，エネルギー・資源の開発とともに，省エネルギーの徹底化が緊急の課題となっています。最近では新たに地球環境保全の問題が大きくクローズアップされ，機械工学もこれを従来にも増して精神的支柱にしなければならない時代になってきました。

　このように学ぶべき内容が増えているにもかかわらず，他方では「ゆとりある教育」が叫ばれ，高専のみならず大学においても卒業までに修得すべき単位数が減ってきているのが現状です。

　私は1968年に高専に赴任し，現在まで三十数年間教育現場に携わってまいりました。当初に比べて最近では機械工学を専攻しようとする学生の目的意識と力がじつにさまざまであることを痛感しております。こうした事情は，大学をはじめとする高等教育機関においても共通するのではないかと思います。

　修得すべき内容が増える一方で単位数の削減と多様化する学生に対応できるように，「機械系教科書シリーズ」を以下の編集方針のもとで発刊することに致しました。

1. 機械工学の現分野を広く網羅し，シリーズの書目を現行のカリキュラムに則った構成にする。
2. 各書目においては基礎的な事項を精選し，図・表などを多用し，わかり

やすい教科書作りを心がける。
3. 執筆者は現場の先生方を中心とし，演習問題には詳しい解答を付け自習も可能なように配慮する。

　現場の先生方を中心とした手作りの教科書として，本シリーズを高専はもとより，大学，短大，専門学校などで機械工学を志す方々に広くご活用いただけることを願っています。

　最後になりましたが，本シリーズの企画段階からご協力いただいた，平井三友 幹事，阪部俊也，丸茂榮佑，青木繁の各委員および執筆を快く引き受けていただいた各執筆者の方々に心から感謝の意を表します。

2000年1月

編集委員長　木本　恭司

まえがき

　流体の運動である流れを力学的に取り扱う科学技術の分野はきわめて広い。例えば，各種の流体機械やプラント配管内流れ，自動車・電車・航空機・船舶などの乗り物周りの流れ，土木建築などの構造物周りの流れ，大気や海洋・河川の自然界の流れなどがある。さらに，今日，課題としてあげられている環境問題，異常気象，海洋開発，宇宙開発など，どれをとっても流体の運動が直接的にあるいは間接的に関係している。このように流れを扱う分野が各方面に拡大していくなか，流体の運動の基礎知識や考え方を習得することは重要である。

　空気や水の流れは，日常生活とも直結しているため学問的には古くから研究されてきている。従来，主として実験的な積み重ねから流れに伴う現象を理解しようとする水力学と，数理物理的な解析から流動現象を解明しようとする流体力学に分類されてきた。現在では特に区別することはなく，むしろ実験と解析を結合して解明しなければならず，そこで水力学と流体力学との基本的内容を整理統合したものとして本書名を「流体の力学」とした。

　本書は，流体の力学を高等専門学校や大学工学部で初めて学ぶ学生を対象として工学的な立場から入門書としてわかりやすく，かつ基本的な理論体系を崩さないように配慮したつもりである。1章から5章に流体運動を理解するために最低必要と思われる基本的なことがらを解説した。その内容は流体の基本的性質，静止流体に働く力，理想流体の運動，エネルギー保存および粘性流体の運動を記述する基礎式である。6章以降は，難解な現象を取り扱う場合に有効な次元解析，管路内の流れや波動現象，流体と物体とに働く力，最後に圧縮性流体の取扱いへの橋渡しとしての基本事項を記述している。各章ごとにどんな

ことを学ぶのかを明確にし，章末には理解してほしい重要ポイントを示した。また，複雑な数学的表現を避け，物理的なイメージがわかるように多くの図を用いて解説したつもりである。物理量に用いる記号は極力統一して記述した。各章末には演習問題を設け，巻末に詳細な解答を付けているので自習に役立つはずである。

著者の力不足により不十分な記述や誤りを恐れているが，本書が教育用教材として役立てば望外の喜びである。本書を書くにあたり内外の良書を参考にした。さらに高度の学習を志す諸君は巻末の参考文献を読むことをお勧めしたい。

2002年10月

著　　者

目　　　次

1.　流体の基本的性質

1.1　流体と流体の力学 …………………………………………………………1
1.2　流体の物理的性質 …………………………………………………………2
　1.2.1　密度と比重 ……………………………………………………………2
　1.2.2　粘　　性 ………………………………………………………………4
　1.2.3　圧縮率と体積弾性係数 ………………………………………………6
　1.2.4　表面張力 ………………………………………………………………7
　1.2.5　気体の性質 ……………………………………………………………9
1.3　実在流体のモデル化 ……………………………………………………10
　1.3.1　理想流体 ……………………………………………………………10
　1.3.2　粘性流体 ……………………………………………………………11
　1.3.3　圧縮性流体 …………………………………………………………11
演習問題 …………………………………………………………………………14

2.　静止流体の力学

2.1　圧　　力 …………………………………………………………………16
2.2　深さと圧力 ………………………………………………………………17
2.3　圧力測定 …………………………………………………………………19
　2.3.1　液柱計 ………………………………………………………………19
　2.3.2　傾斜微圧計 …………………………………………………………20
2.4　パスカルの原理 …………………………………………………………21
2.5　静止液中の壁面に働く力 ………………………………………………23
　2.5.1　平面壁に働く力 ……………………………………………………23

2.5.2　曲面壁に働く力 …………………………………… 26
2.6　浮　　　　力 …………………………………………… 27
演習問題 ……………………………………………………… 29

3.　理想流体の運動

3.1　運　動　の　観　察 …………………………………… 32
3.2　連　続　の　式 ………………………………………… 33
3.3　オイラーの運動方程式 ………………………………… 35
　　3.3.1　加　速　度 ……………………………………… 35
　　3.3.2　圧　力　と　外　力 …………………………… 37
3.4　流線と流れ関数 ………………………………………… 38
3.5　流体の変形と回転 ……………………………………… 40
3.6　速度ポテンシャルと複素速度ポテンシャル ………… 43
　　3.6.1　速度ポテンシャル ……………………………… 43
　　3.6.2　複素速度ポテンシャル ………………………… 44
演習問題 ……………………………………………………… 48

4.　エネルギーの保存と運動量の保存

4.1　連　続　の　式 ………………………………………… 50
4.2　ベルヌーイの定理 ……………………………………… 51
　　4.2.1　管路におけるベルヌーイの定理 ……………… 51
　　4.2.2　オイラーの運動方程式からのベルヌーイの定理の誘導 … 53
4.3　ベルヌーイの定理の応用 ……………………………… 54
　　4.3.1　トリチェリの定理 ……………………………… 54
　　4.3.2　ピ　ト　ー　管 ………………………………… 55
　　4.3.3　ベンチュリ管およびオリフィスによる流量測定 … 56
4.4　運動量保存則の適用 …………………………………… 57
4.5　運動量の法則の応用 …………………………………… 60
　　4.5.1　管路壁に及ぼす流体力と管路損失 …………… 60

4.5.2　物体に及ぼす噴流の力 …………………………………………… 62
4.6　角運動量の法則 ………………………………………………………… 65
演習問題 ………………………………………………………………………… 68

5.　粘性流体の運動の基礎式

5.1　応　　　力 ……………………………………………………………… 71
5.2　応力と変形速度の関係 ………………………………………………… 72
5.3　ナビエ・ストークス方程式 …………………………………………… 73
5.4　ナビエ・ストークス方程式の厳密解 ………………………………… 76
　5.4.1　平　行　流 ……………………………………………………… 76
　5.4.2　管内流（ハーゲン・ポアズイユ流）………………………… 77
　5.4.3　瞬間的に運動を始めた平板上の流れ（レイリーの問題）… 78
5.5　数 値 的 解 法 …………………………………………………………… 80
演習問題 ………………………………………………………………………… 82

6.　次元解析と相似則

6.1　次 元 解 析 ……………………………………………………………… 84
　6.1.1　ロード・レイリーの方法 ……………………………………… 86
　6.1.2　バッキンガムのπ定理による方法 …………………………… 87
6.2　相　似　則 ……………………………………………………………… 88
　6.2.1　相似則の概念 …………………………………………………… 88
　6.2.2　代表的な無次元数 ……………………………………………… 89
演習問題 ………………………………………………………………………… 91

7.　管路内の流れ

7.1　流れの状態 ……………………………………………………………… 93
7.2　速　度　分　布 ………………………………………………………… 96
　7.2.1　層流の場合 ……………………………………………………… 96
　7.2.2　乱流の場合 ……………………………………………………… 97

viii　目　次

- 7.3　圧力損失 ……………………………………………… 103
- 7.4　管路の諸損失 ………………………………………… 109
  - 7.4.1　断面積が急変する場合の損失 …………………… 109
  - 7.4.2　断面積が緩やかに変化する場合の損失 ………… 111
  - 7.4.3　流れの方向が変化する場合の管の損失 ………… 113
  - 7.4.4　分岐管と合流管の損失 …………………………… 114
- 7.5　管路系の総損失 ……………………………………… 115
- 演習問題 ………………………………………………………… 118

8.　自由表面をもつ流れ

- 8.1　流れの状態 …………………………………………… 119
- 8.2　一様な流れの平均速度 ……………………………… 121
  - 8.2.1　最良断面形状 ……………………………………… 123
  - 8.2.2　常流と射流および限界水深 ……………………… 125
- 8.3　非一様な流れと跳水 ………………………………… 129
- 8.4　水の波 ………………………………………………… 130
  - 8.4.1　波の基礎方程式 …………………………………… 130
  - 8.4.2　波の分類 …………………………………………… 132
- 演習問題 ………………………………………………………… 134

9.　境界層と物体に働く流体力

- 9.1　物体の抵抗と境界層の概念 ………………………… 135
- 9.2　境界層方程式 ………………………………………… 141
- 9.3　境界層のはく離 ……………………………………… 142
- 9.4　境界層の遷移 ………………………………………… 145
- 9.5　乱流境界層 …………………………………………… 148
- 9.6　翼の揚力と抗力 ……………………………………… 151
- 演習問題 ………………………………………………………… 156

10. 圧 縮 性 流 体

- 10.1 基 礎 方 程 式 …………………………………………… *157*
- 10.2 微小じょう乱の伝播 …………………………………… *160*
- 10.3 ノズルとディフューザ ………………………………… *162*
- 10.4 衝 撃 波 …………………………………………… *168*
- 演 習 問 題 ……………………………………………………… *172*
- 付　　　録 ……………………………………………………… *173*
- 参 考 文 献 ……………………………………………………… *176*
- 演習問題解答 …………………………………………………… *177*
- 索　　　引 ……………………………………………………… *191*

1

流体の基本的性質

　流体は気体と液体の総称である．流体にはどのような物理的な性質が備わり，流体の運動にそれらの性質がどのように関係するのかを説明する．また，流体の運動を考えるとき，現象の本質を失わずに取扱いが簡単となるモデル流体について説明する．

1.1 流体と流体の力学

　流体（fluid）とは，**気体**（gas）や**液体**（liquid）の総称であり，変形が自由であるという特性をもっている．流体の代表的なものに空気と水がある．われわれは大気の底で生活しており，空気の流れ（風）をつねに感じている．また，われわれは空気のなかを歩き，自動車や電車あるいは飛行機を使って移動する．このときの空気と物体との間にどのような力が働くのかは重要な問題となる．一方，液体である水の流れは身近に川や海があり，洪水や高波から施設を守るために護岸や堤防を整備している．また，各家庭に水道が完備され，水をポンプで輸送している．このように流体の**流れ**（flow）はわれわれの生活に密接に関係している．

　流体力学（fluid dynamics）は，流体の運動を物理的に解析する学問である．流体力学は物理学の一分野であり，大気の動き，大洋の潮汐運動や河川の流れ，体内の血液流，ポンプや送風機によって送られるプラント配管内のような各種工業装置内流れ，あるいは自動車，電車，飛行機等の乗り物周りの流れなど，気象，海洋，医学，工学の幅広い分野に関係する．

流体の運動はきわめて身近なことがらであるため，古くから流れに関する研究が行われてきた。従来，工学上遭遇する問題を系統的に実験を積み重ねて，そこに普遍性を見つけだしてきた手法を**水力学**（hydraulics）と呼び，数理・物理的に解析する流体力学と区別してきた。現在は，流体力学と水力学を明確に区別する必要はないと思われる。また，特に工学的応用として体系化した学問分野を**流体工学**（fluid engineering）と呼ぶ。

1.2 流体の物理的性質

われわれは通常，空気の抵抗をさほど意識しないが，水中を泳いだり歩いたりするときは大きな抵抗を感じる。このことは，おもに空気と水の密度が異なるためである。流体の種類によって密度などの物性値が異なり，これらが流体の運動に重要な役割を担っている。以下に基本的な流体の性質を説明する。

1.2.1 密度と比重

密度（density）ρ は単位体積当りの質量と定義され，kg/m^3 の単位をもつ。すべての物質を細かくみていくと分子や原子から構成され，不連続的な構造をもっている。流体のある点の密度は，不連続な構造のため厳密には定義できなくなる。そこで，物理量を決めるためのモデルが必要となる。通常，われわれが流れを考えるとき，流体の分子構造や分子運動などの微視的な構造を考慮する必要はなく，空間に切れ目なく広がる仮想的な物質，つまり**連続体**（continuum）と考えてよい。そこで，流体のある点の密度 ρ は

$$\rho = \lim_{\Delta V \to \Delta V_c} \frac{\Delta m}{\Delta V} \tag{1.1}$$

と定義する。ここで，Δm はその点を含む体積 ΔV 内の質量である。ΔV を小さくしていくと ρ が変動して値を特定できなくなる。そこで，ρ が一定とみなせる最小の体積 ΔV_c においてその点の密度と定義する。つまり連続体とは有限の大きさの微小体積 ΔV_c を点とみなし，微視的な内部構造を無視した仮想

的な物体を意味する。他の物理量（圧力，速度など）も同じように定義される。

連続体の概念から最も離れていると思われる気体について考えてみよう。大気の場合，気体分子が自由に飛び回る距離（平均自由行程）はおおよそ 10^{-7} m で，他の分子と衝突するまでの時間は 2×10^{-10} s 程度である。この距離や時間は，野球のボールや車の周りの流れを考えるときの尺度に比べ十分に小さく，分子の大きさを考慮する必要はなく気体を連続体と考えることができる。

標準気圧（101.3 kPa）下において，水の密度は温度 4°C で $\rho=1\,000\,\mathrm{kg/m^3}$ であり，空気の密度は温度 15°C で $\rho=1.226\,\mathrm{kg/m^3}$ である。**表 1.1，表 1.2**

表 1.1 標準気圧（101.3 kPa）における水の性質

温度 [°C]	密度 ρ [kg/m³]	粘性係数 μ [Pa·s]	動粘度 ν [m²/s]
0	999.9	1.792×10^{-3}	1.792×10^{-6}
5	1 000.0	1.520	1.520
10	999.7	1.307	1.307
20	998.2	1.002	1.004
30	995.7	0.797	0.801
40	992.3	0.653	0.658
50	988.0	0.548	0.554
60	983.2	0.467	0.475
70	977.8	0.404	0.413
80	971.8	0.355	0.365
90	965.4	0.315	0.326
100	958.3	0.282	0.295

表 1.2 標準気圧（101.3 kPa）における乾燥空気の性質

温度 [°C]	密度 ρ [kg/m³]	粘性係数 μ [Pa·s]	動粘度 ν [m²/s]
-10	1.342	1.674×10^{-5}	1.247×10^{-5}
0	1.293	1.724	1.333
10	1.247	1.772	1.421
20	1.205	1.822	1.512
30	1.165	1.869	1.604
40	1.128	1.915	1.698
50	1.092	1.951	1.786
60	1.060	1.997	1.883
80	1.000	2.088	2.088
100	0.946	2.175	2.299

4　1. 流体の基本的性質

に各温度に対する水と空気の性質を示す。

ある物質に対する相対密度として**比重**（specific gravity）s がしばしば用いられる。一般に，s は固体および液体の密度 ρ を 4℃ の純水の密度 $\rho_w(=1\,000\,\text{kg/m}^3)$ に対する比

$$s = \frac{\rho}{\rho_w} \qquad (1.2)$$

として表される。

1.2.2　粘　　　性

粘性（viscosity）は有限の速さで流体を変形させるとき，これに逆らう作用である。粘性は流体の種類と温度によって異なる。水や空気は油や水飴に比べきわめてさらさらした流体であり，粘性は小さい。しかし，粘性が小さい流体であっても，固体壁近くの流れのように，速度差が大きいところでは重要な役割をもっている。

図 1.1 に示すように，間隔 h の平行平板間の流体の流れを考える。下板を固定し，上板を力 f で引っ張り，一定速度 U で動かすものとする。上下の板に接する流体は付着しており板の速度で動くから，内部流体の速度は 0 から U へと変化する。したがって，流体は下板からの距離 y に比例する速度

$$u = U\frac{y}{h}$$

をもつ。上板を引っ張る力と下板を固定するのに必要な力とは等しく，その力 f は面積 A と速度 U に比例し，間隔 h に反比例する。そこで単位面積当りの力（**せん断応力**，shear stress）τ は

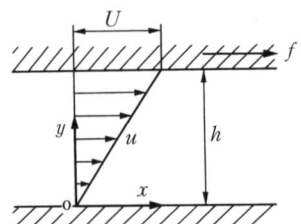

図 1.1　平行平板間の流体の流れ

$$\tau = \mu \frac{U}{h} \tag{1.3}$$

と表現できる。ここで，比例係数 μ を流体の**粘度**または**粘性係数**（viscosity）といい，単位は Pa·s である。せん断応力はすべての水平な流体層に働き，上側の層はその下の層を引っ張り，逆に下の層は妨げようとする。この場合，速度が直線分布のため，すべての流体部分に同じ τ が働いている。一般に流体の速度は直線分布になるとは限らず曲線分布をもちうる。流体の各部に働くせん断応力は，その近くの流れの状態だけに関係し，式（1.3）の U/h を速度勾配と置き換え

$$\tau = \mu \frac{du}{dy} \tag{1.4}$$

と表すことができる。式（1.4）の関係を**ニュートンの粘性法則**（Newton's law of viscosity）と呼び，流体の粘性抵抗を説明するとともに粘性係数の定義式でもある。われわれに身近な水や空気はニュートンの粘性法則に従い，この法則に従う流体を**ニュートン流体**（Newtonian fluid）という。

高分子溶液やコロイド溶液などは，せん断応力と速度勾配の間に比例関係が成り立たず，**非ニュートン流体**（non-Newtonian fluid）と呼ばれる。非ニュートン流体では，せん断応力と速度勾配の関係がさまざまであり，代表的なものとして**図 1.2** に示すように分類される。① はダイラタント流体と呼ばれ，

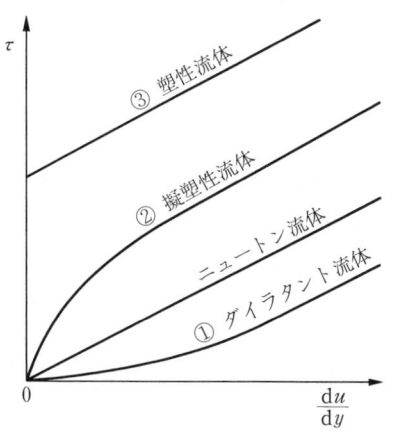

図 1.2 非ニュートン流体の分類

速度勾配が大きくなるにつれ粘度を増す流体で，水を含んだ砂などにみられる。②は擬塑性流体と呼ばれ，速度勾配が大きくなるにつれ粘度が減少する流体で，高分子溶液やガラス融液があげられる。③は塑性流体と呼ばれ，応力の降伏点以下では流動が起こらず弾性体としての変形のみであるが，降伏点以上の応力が働くと流動が生じる。粘土泥しょう，アスファルト，グリースなどがこれに属する。本書ではニュートン流体のみを対象とする。

流体の粘っこさを表す物性値は，粘性係数のほかに**動粘度**または**動粘性係数** (kinematic viscosity) が用いられる。これは粘性係数を密度で割った量

$$\nu = \frac{\mu}{\rho} \tag{1.5}$$

と定義され，単位は m^2/s である。

表 1.1 と**表 1.2** に示したように，水の粘性係数および動粘度は，標準大気圧，20℃の状態で，それぞれ 1.002×10^{-3} Pa・s，1.004×10^{-6} m^2/s であり，乾燥空気の場合はそれぞれ 18.22×10^{-6} Pa・s，1.512×10^{-5} m^2/s である。ここで，水と空気の値を比較すると，粘性係数は水のほうがはるかに大きいが，動粘度では空気のほうが約 15 倍大きいことに注意する必要がある。

気体の粘性係数は温度の増加とともに増加し，逆に液体のそれは温度の増加とともに減少する。このことは，気体の場合が分子運動論の立場から分子衝突に伴う運動量交換に基づく作用に対し，液体では分子間力による相互作用に基づくためと理解される。

1.2.3 圧縮率と体積弾性係数

流体に圧力を加えると圧縮される。気体は容易に圧縮され，液体は圧縮されにくいが，程度の差こそあれ共通の性質である。体積変化の程度を示す物理量として**体積弾性係数** (bulk modulus of elasticity) K が用いられる。一定の体積 V の流体に圧力を Δp だけ増加したときの体積減少を ΔV とする。このとき，固体の弾性係数の定義と同じく，圧力変化 Δp とひずみ $(-\Delta V/V)$ が比例するフックの法則より

$$\mathrm{d}p = -K\frac{\varDelta V}{V} = -K\frac{\mathrm{d}V}{V} \tag{1.6}$$

と表される。ここで，比例係数 K が体積弾性係数であり，単位は Pa である。

流体の**圧縮率**（compressibility）β は，K の逆数であり

$$\beta = \frac{1}{K} = -\frac{1}{V}\frac{\mathrm{d}V}{\mathrm{d}p} = \frac{1}{\rho}\frac{\mathrm{d}\rho}{\mathrm{d}p}$$

と表される。

流体中を圧力波が伝播する速さ，すなわち**音速**（sonic velocity）a は

$$a = \sqrt{\frac{\mathrm{d}p}{\mathrm{d}\rho}} = \sqrt{\frac{K}{\rho}}$$

で与えられる。流体の速度 v と音速 a との比は，**マッハ数**（Mach number）と呼ばれ，式（1.7）で表す。

$$Ma = \frac{v}{a} \tag{1.7}$$

マッハ数が 1 より十分に小さいとき，流体運動に伴う密度変化は無視することができ，**非圧縮性流体**（incompressible fluid）として扱える。ちなみに 20℃ における空気中および水中を伝わる音速は，それぞれ 343.6 m/s，1 483 m/s である。流体現象として台風があるが，かなりの強風でも風速 40 m/s 程度で $Ma = 0.118$ となり，非圧縮性とみなせる。つまり，圧縮されやすい気体でも通常の速度範囲内であれば非圧縮性流体と近似できる。

1.2.4 表面張力

液体の自由表面や溶け合わない液体どうしの界面では，液体の分子がたがいに凝集しようとするため張力（凝集力）が生じて，一種の膜が形成される。このような膜を形成しようとする張力を**表面張力**（surface tension）σ，あるいは界面張力という。表面張力は単位長さ当りの力，すなわち N/m の単位をもつ。

表面張力の作用は液滴や噴流の内部圧力を高める。いま，直径 d の液滴内の圧力が外部より $\varDelta p$ だけ高いとする。**図 1.3** のように液滴の中心を通る平

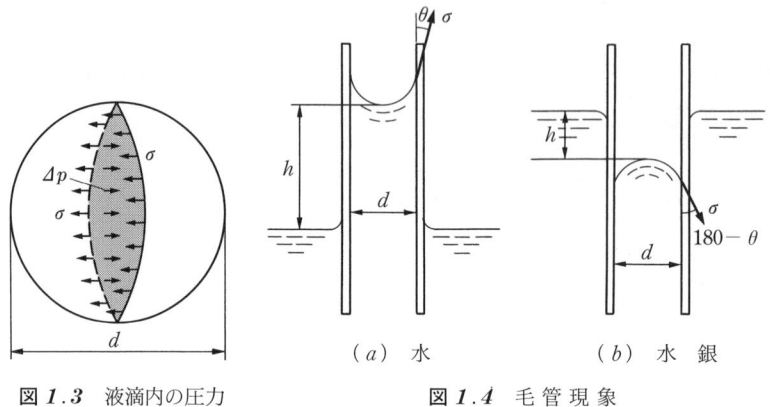

図 1.3 液滴内の圧力　　　　図 1.4 毛管現象

面で2等分して力のつりあいを考えると，Δp によって右半球を押す力（$\pi d^2/4$）Δp と表面張力 σ による引張力 $\pi d\sigma$ とがつりあう。したがって

$$\Delta p = \frac{4\sigma}{d} \tag{1.8}$$

となる。直径 d の円柱状の噴流では噴流方向の曲率半径が無限大であるため，$\Delta p = 2\sigma/d$ となる。液滴も噴流も直径が小さくなるほど，内部圧力は大きくなることがわかる。

　液体は他の物体に付着する付着力をもっている。液中に細管を立てたときに液体が細管を上昇または下降する**毛管現象**（capillarity）は，凝集力と付着力の作用による。付着力が凝集力より大きければ，壁面近傍の液面は上昇し，逆に付着力のほうが凝集力より小さければ液面は下降する。細いガラス管を水と水銀のなかに立てると，**図 1.4** に示すようになる。水は付着力＞凝集力であり液面は上昇し，水銀の場合は付着力＜凝集力となるため液面が下降する。20℃ の空気に接する水と水銀の σ は，それぞれ 0.072 8 N/m，0.476 N/m である。

　ここで，液面の上昇高さを考える。接触角 θ，液の密度 ρ とし，内径 d の細管を立てたところ h だけ上昇したとする。重力と表面張力のつりあいから

$$\pi d\sigma \cos\theta = \frac{\rho \pi g d^2 h}{4}$$

となる。したがって，上昇高さ h は式 (1.9) で与えられる。

$$h = \frac{4\sigma \cos\theta}{\rho g d} \tag{1.9}$$

接触角 θ はガラス管の表面が清浄であるとき水で $0°$，水銀では約 $135°$ であり $\cos 135°$ は負の値をもつから，式 (1.9) は水および水銀ともに成立する。

表面張力は，自由表面をもつ流れや気体と液体が混在する流れでは重要な役割をもつ。

1.2.5 気体の性質

一定質量の一様な流体の状態は，圧力 p，体積 V および絶対温度 T によって記述されるが，気体の場合，これらの間には以下の**状態方程式**（equation of state for gases）

$$pV = nRT \tag{1.10}$$

が成り立つ。ここで，n〔mol〕は物質の量，R〔J/mol・K〕は気体定数（gas constant）と呼ばれ，気体の種類に無関係な定数である。式 (1.10) に従う気体は**理想気体**（ideal gas）あるいは**完全気体**（perfect gas）と呼ばれる。通常の温度および圧力範囲において，身近な気体は理想気体として扱える。

物質の量 $n=1\,\mathrm{kmol}$ の気体が標準状態（$p=1\,\mathrm{atm}=101.325\,\mathrm{kPa}$，$T=273.15\,\mathrm{K}$）のとき $V=22.4\,\mathrm{m}^3$ となり，気体定数 $R=8.314\,\mathrm{J/mol\cdot K}$ を得る。

気体の密度は，一般にモル密度 ρ'〔mol/m³〕または質量密度 ρ〔kg/m³〕で表す。それらの関係は

$$\rho' = \frac{n}{V} = \frac{p}{RT}, \quad \rho = M\rho' \tag{1.11}$$

となる。ここで，M は気体の分子量である。理想気体の $0°\mathrm{C}$（$273.15\,\mathrm{K}$）におけるモル密度は，$\rho'=0.0446\,\mathrm{kmol/m^3}$ である。流体力学において密度は通常 $\mathrm{kg/m^3}$ の単位を用いるから，水素（$M=2$）で $\rho=0.0893\,\mathrm{kg/m^3}$，酸素（$M=32$）では $\rho=1.329\,\mathrm{kg/m^3}$ となる。工学上，空気の分子量は 29 の値をとるの

で，0°Cにおける空気の密度は $\rho = 1.293\,\mathrm{kg/m^3}$ と計算できる。

1.3 実在流体のモデル化

　実在の流体は，粘性や圧縮性などの属性をもっている。粘性や圧縮性は流体の運動を複雑にし，理論的な取扱いを困難にする。そこで，問題に応じていくつかの仮定を導入して，取扱いを簡単にするモデル流体を考える。

1.3.1 理 想 流 体

　流体のモデルとして，粘性も圧縮性もない流体が考えられる。この流体は**理想流体**（ideal fluid）あるいは**完全流体**（perfect fluid）と呼ばれ，最も取扱いが簡単である。理想流体（特に粘性をもたない流体）では，静止中はもちろん運動中であっても任意の面に対して接線方向の力は作用せず，垂直方向の圧力のみが作用する。理想流体に対する研究は，18世紀のEuler（オイラー，1707～1783）やBernoulli（ベルヌーイ，1700～1782）をはじめ，多くの数学者や物理学者により活発に進められた。その結果から基本的な流体の運動が明らかになり，多くの重要な法則が発見された。

　3章で説明するように，理想流体の運動を記述することは，速度 v (u, v, w) と圧力 p を明確にすることである。ふつう，4個の未知数に対して非線形のオイラーの運動方程式（3個の式）と，質量保存則である連続の方程式（1個の式）を連立させて解くことになる。しかし，渦なし流れでは速度ポテンシャル ϕ が，また，2次元流れでは流れ関数 ψ が導入でき，ϕ と ψ は線形のラプラスの方程式を満足するため，ラプラスの式を解けば流れ場がわかる。このことは，解析がきわめて簡単になることを意味している。

　理想流体の理論から，エネルギー保存則であるベルヌーイの定理や揚力に関するクッタ・ジューコフスキーの定理が導かれ，また，速度ポテンシャルと流れ関数を結合した複素ポテンシャルは，複素関数論として波動などのいくつかの流れ場が解析されている。

一方，"一様な定常流中の物体には何らの抗力も働かない"というダランベールの背理と呼ばれる現実と矛盾する結論が理想流体の理論から導き出される。この矛盾を解決するためには別なモデルが必要になる。

1.3.2 粘性流体

最も身近な実在流体は，**非圧縮性粘性流体**（incompressible viscous fluid）である。このモデルは，流速が音速に比べ遅い場合，つまりマッハ数がきわめて小さい（$Ma \ll 1$）とき，流体運動に伴う流体の圧縮性は無視できるから粘性効果だけを考慮すればよいことになる。空気（気体）のように縮みやすい流体であっても流速がおおよそ 50 m/s 以下であれば非圧縮性と近似が可能である。一方，水や空気は粘性係数が小さいけれども固体壁面近くの速度勾配が大きいところでは重要な役割をもっている。粘性の影響を考慮した理論は Stokes（ストークス，1819〜1903）以後であり，Prandtl（プラントル，1875〜1953）の境界層理論から本格的に粘性流体の運動の取扱いが可能になり発展した。

流体力学では，粘性を考えるときニュートン流体に従うものと仮定するのが一般的である。高分子溶液や固体粒子の懸濁液など非ニュートン流体の流動を扱う分野は**レオロジー**（rheology）と呼ばれるが，本書では扱わないことにする。

5 章において粘性流体の基礎方程式について記述する。境界層理論は **9** 章において詳細に扱う。

1.3.3 圧縮性流体

圧縮性を考える場合は，おもに高速で運動する流体を扱うときである。その際，慣性力と粘性力との比であるレイノルズ数という無次元数がきわめて大きな値となり，流れのもっている慣性力に対して粘性力が相対的に小さくなり無視することが可能となる。この場合は**非粘性圧縮性流体**として扱われる。また，流体中を伝播する圧力波（音波）の解析では，静止流体あるいは遅い流れでも密度変動の伝播が本質であるため非粘性圧縮性流体となる。$Ma < 1$ の場

> **コーヒーブレイク**

流体力学の歴史

われわれは大気の底で生活し，川や海の近くに住居を構えた．つまり，つねに流体と接してきているため，流体を扱う学問はきわめて古くから研究が行われてきた．しかし，学問体系として整うのはニュートン力学以後となる．本書に直接関係する代表的な原理がいつごろ発見されているか以下にまとめておく．

アルキメデス	：浮力に関するアルキメデスの原理（BC 280 ごろ）
ニュートン	：ニュートンの粘性抵抗則（1687）
ベルヌーイ	：エネルギー保存則であるベルヌーイの定理（1738）
ダランベール	：ダランベールの背理（1752）
オイラー	：オイラーの運動方程式（1755）
ナビエ	：粘性流体の運動方程式（ナビエ・ストークス方程式）（1822）
ハーゲン	：円管流に関するハーゲン・ポアズイユの法則（1839）
ポアズイユ	：円管流に関するハーゲン・ポアズイユの法則（1840）
ストークス	：粘性流体の運動方程式（ナビエ・ストークス方程式）（1845）
レイノルズ	：乱流への遷移実験，レイノルズ数（1883）
プラントル	：境界層理論（1904），レイノルズ応力に対する混合距離理論（1925）
クッタ	：揚力に関するクッタ・ジューコフスキーの定理（1902）
ジューコフスキー	：揚力に関するクッタ・ジューコフスキーの定理（1906）
カルマン	：カルマン渦列（1911），速度欠損則（1930）
テイラー	：テイラー渦（1923），乱流統計理論（1935）

ここで，流体力学にとって重要な転機となったのはプラントルによる境界層理論の提案であった．このときを境に古典流体力学から近代流体力学へと前進し，現実的な粘性流体の現象が解明され，自動車や航空機をはじめあらゆる工学的分野での発達に貢献してきた．境界層理論が発表されたときと同じ時期に，ライト兄弟が初飛行に成功（1903）しており興味深い．これからの21世紀は非線形力学の解明が進み，難題として残されている乱流現象がより具体的に解き明かされるだろう．

合を亜音速流れ，$Ma>1$ の場合を超音速流れ，流れのなかに亜音速と超音速の領域がともに現れるとき遷音速流れと呼ぶ．本書では，**10**章に圧縮性流体の基本的ことがらについてのみ述べることにする．

最も一般的ですべての属性を考慮する**粘性圧縮性流体**は，関係する物理量が多くきわめて複雑である．コンピュータの性能が飛躍的に向上していることから解析が可能になりつつあるが，労のみ多く有益な結論を引き出すにはまだまだ困難な状況といえる．可能なかぎり妥当なモデル化を図り，問題の本質を引き出すよう工夫することが重要である．

流体の属性からいくつかのモデル流体を紹介してきたが，まとめると**図1.5**のようになる．

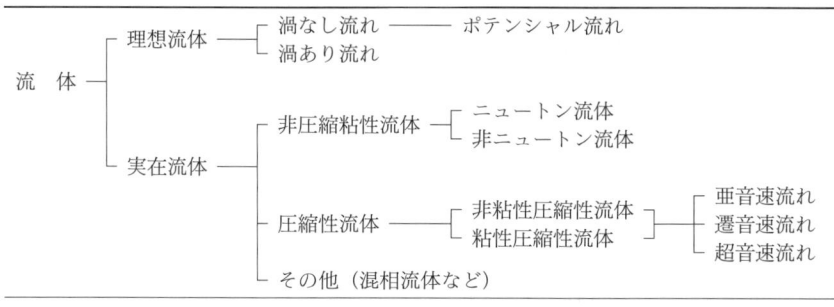

図**1.5** 流体の分類

ポイント

(*1*) 流体力学は，流体の分子や原子などの微細構造を無視して空間的に切れ目のない連続体として扱う．

(*2*) 流体が変形するときの抵抗を粘性という．ニュートンの粘性法則は，流体内部に生じるせん断応力が速度勾配に比例するとしたものである．また，この法則は粘性係数 μ の定義式でもある．μ を密度 ρ で割ったものを動粘度 ν と呼び，これも粘性抵抗を示す重要な物性値である．

(*3*) 流体の圧縮性は音速 a と直接関係している．また，流体の速度 v と a との比をマッハ数 Ma と呼び，$Ma \ll 1$ のとき流体の圧縮性は無視で

14   1. 流体の基本的性質

きる。
(4) 表面張力は，液滴や噴流の内部圧力を高めること，および毛管現象を生じさせる。
(5) 流体を扱うとき問題に応じて，理想流体，粘性流体あるいは圧縮性流体のどのモデルが適用できるか識別することは重要である。

演 習 問 題

【1】以下のことがらを SI 基本単位（kg, m, s）で答えよ。
(1) 密度 $\rho = 5\,\text{g/cm}^3$ を kg/m^3 に換算せよ。
(2) 粘度 $\mu = 2\,\text{g/cm·s}$ を換算せよ。また，この液体の比重が $s = 0.85$ であったとしたときの動粘度 ν の値を求めよ。
(3) 20°C の空気の密度 ρ を求めよ。ただし，分子量は 29 とする。
(4) 体積が $2\,\text{m}^3$ の液体の重量を測定したところ $18\,\text{kN}$ であった。この液体の質量 m と密度 ρ を求めよ。
(5) 重力単位系において力は kgf，圧力は kgf/cm^2 の単位を用いてきた。1 kgf，$1\,\text{kgf/cm}^2$ を SI 単位に換算せよ。

【2】問図 **1.1** に示すように平面壁上を空気が流れている。粘度は $\mu = 18 \times 10^{-6}$ Pa·s で，速度分布 $u\ [\text{m/s}]$ が

$$u = -10(y^2 - 2y) \qquad y \leq 1\,\text{m}$$
$$= 10 \qquad\qquad\quad y > 1\,\text{m}$$

と表されるとき，壁面，壁から 0.5 m，1 m における速度，速度勾配，および

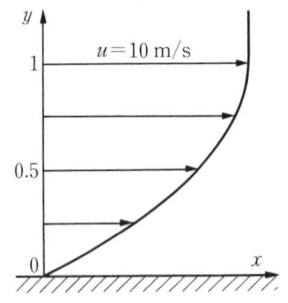

問図 **1.1** 平面壁上の空気の流れ

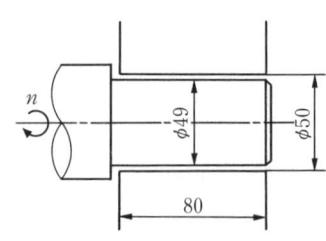

問図 **1.2** ジャーナル軸受

せん断応力はどれくらいか求めよ。

【3】 **問図 *1.2*** に示すジャーナル軸受について，軸が 1 800 rpm で回転している。潤滑油の粘度は $\mu=0.045\,\mathrm{Pa\cdot s}$ であるとすると，軸受のトルクを求めよ。

【4】 水中にガラス細管を鉛直に立てた。細管の内径 d が 2 mm と 4 mm の場合，毛管現象により上昇するそれぞれの液面高さを求めよ。ただし，液温は 20℃ とし，表面張力 $\sigma=0.072\,8\,\mathrm{N/m}$ とする。

【5】 雷が閃光とともに落ち，しばらくして大きな音が聞こえる。閃光 10 s 後に音が聞こえた場合，落雷の場所は何キロ離れた場所か求めよ。気温は 20℃ とする。

2

静止流体の力学

　静止状態の流体にはせん断力（接線力）が働かないため，最も重要な力は圧力である。おもな内容は，大気圧，圧力と重力の関係，圧力の測定方法，パスカルの原理，および液体容器の壁面に作用する圧力による合力の扱い方である。また，流体中の物体に働く浮力についても説明する。

2.1　圧　　　力

　静止流体内部の各部には，大きさが等しく方向が反対の力が及ぼし合うから，それらはたがいに打ち消し合って力の総和には現れない。流体中の力を考えるときは，かりに考えている断面を切り出して，その片面に作用する外力の総和を考える。当然，この力は反対側から大きさが等しく方向が逆の力とつりあっている。いま，流体中のある微小面積 $\varDelta A$ に垂直に作用する力を $\varDelta F$ とすると，その**圧力**（pressure）p は

$$p = \lim_{\varDelta A \to 0} \frac{\varDelta F}{\varDelta A} = \frac{\mathrm{d}F}{\mathrm{d}A} \tag{2.1}$$

と表される。力 F が面積に均一に作用している場合には，$p=F/A$ となる。圧力の単位は，従来 atm や kgf/cm^2 が用いられてきたが，現在は国際単位（SI 単位）系に統一され Pa（パスカル）を用いる。

　われわれは大気の層から押さえ付けられ，**大気圧**を受けている。**標準大気圧**（normal atmosphere）は，水銀の柱 $h=760\,\mathrm{mm}$ が単位面積の底面を押す力として定義され，1 気圧（1 atm）と呼ばれる。つまり，水銀柱の質量 m，体積 V，断面積 A とすると重力は $mg=\rho Vg=\rho Ahg$ であり，水銀の密度 $\rho=$

$13.596\times10^3\,\mathrm{kg/m^3}$,標準重力加速度 $g=9.80665\,\mathrm{m/s^2}$ を代入すると,以下のように単位換算ができる.

$$1\,\mathrm{atm} = 760\,\mathrm{mmHg} = \frac{\rho A h g}{A} = 13\,596\times0.76\times9.80665\,\mathrm{N/m^2}$$
$$= 101\,325\,\mathrm{N/m^2} = 101.325\,\mathrm{kPa}$$

圧力を表現するとき,しばしば大気圧からの差を示すことが多い.この差圧を**ゲージ圧**(gauge pressure)と呼び,絶対真空を基準とした圧力を**絶対圧**(absolute pressure)という.したがって,両者は

絶対圧 = ゲージ圧 + 大気圧

の関係にある.

2.2 深さと圧力

重力の作用のみを受ける静止流体中の深さと圧力の関係を考える.**図2.1**のような鉛直方向の微小円柱状の流体要素に働く力のつりあいを考える.

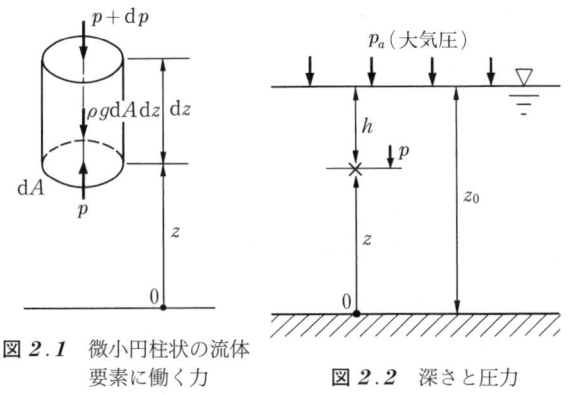

図2.1 微小円柱状の流体要素に働く力

図2.2 深さと圧力

このとき圧力は高さ z のみの関数で,z における圧力を p とし,$\mathrm{d}z$ だけ離れた場所の圧力を $p+\mathrm{d}p$ とする.微小円柱に働く力は,上下面にかかる圧力による力と自重であり,それらはつりあっているから

$$pdA - (p+dp)dA - \rho g dA dz = 0 \tag{2.2}$$

となる。これを整理すると以下の微分方程式となる。

$$\frac{dp}{dz} = -\rho g \tag{2.3}$$

密度 ρ が一定の場合，式（2.3）を積分して

$$p = -\rho g \int dz + c = -\rho g z + c \tag{2.4}$$

が得られる。ここで，c は積分定数である。

図 **2.2** に示すような水を入れたプールがあるとして，任意の深さ h における圧力を求めよう。液表面 $z=z_0$ で $p=p_a$（大気圧）であるから，式（2.4）の積分定数 c は

$$c = p_a + \rho g z_0$$

となる。したがって，任意の高さ z における圧力は

$$p = p_a + \rho g(z_0 - z) = p_a + \rho g h \tag{2.5}$$

となる。ゲージ圧で表すと $p=\rho gh$ となり，圧力と深さは比例関係にある。密度一定とみなせる液体の圧力は深さにのみ関係し，容器の形や大きさに無関係であることがわかる。

また，$p=\rho gh$ の関係から，$h=p/(\rho g)$ として圧力を高さに換算して表す場合がある。この h を**圧力ヘッド**（pressure head）といい，例えば大気圧を水銀柱 760 mmHg と表す。圧力を高さで表したヘッド表現は，圧力の変化を図解して理解しやすく示すことができる。

気体では密度が圧力と温度に大きく依存し，式（2.3）を簡単に積分できない。大気の場合，ポリトロープ変化を仮定すると $p/\rho^n=$ 一定という関係になる。ここで，$n=1$ のとき等温変化，$n=\kappa$（κ：比熱比）で断熱変化を示す。

地表の圧力 p_0，密度 ρ_0 とし，任意の高度の圧力 p，密度 ρ とすれば

$$\frac{p}{\rho^n} = \frac{p_0}{\rho_0^n} \tag{2.6}$$

となる。この密度 ρ を式（2.3）に代入し整理すると

$$\mathrm{d}z = -\frac{\mathrm{d}p}{\rho g} = -\frac{1}{\rho_0 g}\left(\frac{p_0}{p}\right)^{1/n}\mathrm{d}p \tag{2.7}$$

となる。地表を $z=0$ として，式 (2.7) を積分すると

$$z = \frac{p_0}{\rho_0 g}\frac{n}{n-1}\left\{1-\left(\frac{p}{p_0}\right)^{(n-1)/n}\right\} \tag{2.8}$$

となり，高度 z における圧力は

$$\frac{p(z)}{p_0} = \left(1-\frac{n-1}{n}\frac{\rho_0 g}{p_0}z\right)^{n/(n-1)} \tag{2.9}$$

となる。また，式 (2.6) に式 (2.9) を代入すると密度は

$$\frac{\rho(z)}{\rho_0} = \left(1-\frac{n-1}{n}\frac{\rho_0 g}{p_0}z\right)^{1/(n-1)} \tag{2.10}$$

となる。また，絶対温度変化は，理想気体の状態方程式 $p/\rho=RT$ より

$$\frac{T(z)}{T_0} = 1-\frac{n-1}{n}\frac{\rho_0 g}{p_0}z \tag{2.11}$$

となる。なお，地表面を標準状態として $p_0=101.325\,\mathrm{kPa}$, $T_0=288.15\,\mathrm{K}$, $\rho_0=1.225\,\mathrm{kg/m^3}$ をとり，成層圏が高度 11 km までと考え，その絶対温度を $T=216.65\,\mathrm{K}$ とすると，ポリトロープ指数が $n=1.235$ となる。

2.3 圧 力 測 定

2.3.1 液 柱 計

圧力と深さが比例関係にあることを利用した圧力計を**液柱計**（manometer）という。これは，密度が既知の液体をガラス管に入れ，その液柱差を測ることにより圧力が求められる。用いるガラス管の径を細くすると，毛管現象が起こり圧力測定に対して誤差が生じる。誤差を少なくするため内径を大きくする必要があるが，通常 8～12 mm の径が用いられる。また，ガラス管内の液体の境界面は表面張力のため，へこんだり盛り上がったりするため，管の中央部の高さを読み取る必要がある。使用される液は，水，アルコール，水銀が一般的である。

図 2.3 に液柱計の原理を示す。図 (a) において，容器内の点 A の圧力 p はガラス管内の上昇高さ h の測定から求められ，式 (2.5) 同様

$$p = p_a + \rho g h$$

である。ここに，p_a は大気圧，ρ は液体の密度，g は重力加速度である。

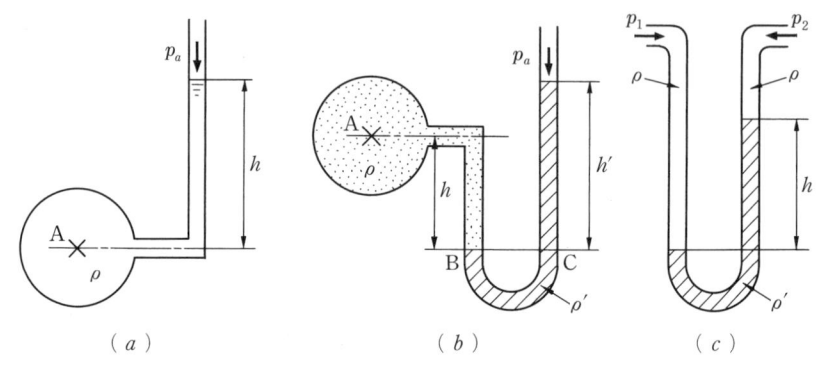

図 2.3 液柱計の原理

一方，図 (b) は圧力を測る流体が気体の場合や液体であっても，圧力が高い場合などに密度の大きい液体を封液として用いる場合である。この液柱計は，その形状から **U字管マノメータ** と呼ばれる。点 A の圧力 p は，点 B と点 C の圧力のつりあいから，式 (2.12) で与えられる。

$$p = p_a + (\rho' h' - \rho h) g \tag{2.12}$$

流体実験ではしばしば圧力測定が行われるが，多くの場合，2点の圧力差を測定することが多い。相対的な圧力差は図 (c) に示す **示差圧力計** (differential manometer) を用いる。液柱差 h を測定し

$$\Delta p = p_1 - p_2 = (\rho' - \rho) g h \tag{2.13}$$

として圧力差が求められる。もし，$\rho' \gg \rho$ であれば $\Delta p = \rho' g h$ と近似可能である。

2.3.2 傾斜微圧計

測定する圧力差が比較的小さいときには **傾斜微圧計** (inclined manometer）がしばしば用いられる．これは図 2.4 に示すように，測定部の管を傾斜させることおよび左右の断面積を変えることによって液柱変化を拡大させる装置である．

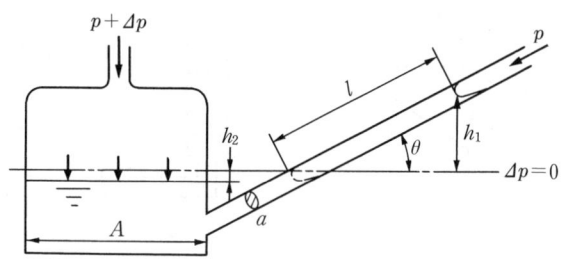

図 2.4 傾斜微圧計

左右に同じ圧力が作用しているときを基準として，左側に Δp だけ加圧したときの液柱の変化を l とする．このときの圧力のつりあいは

$$p + \Delta p = p + \rho g (h_1 + h_2) \tag{2.14}$$

となる．左の液だめにおいて減った体積は，右の管に移動しているから，$A h_2 = a l$ の関係があり，また $h_1 = l \sin \theta$ である．したがって，圧力差は

$$\Delta p = \rho g (h_1 + h_2) = \rho g l \left(\sin \theta + \frac{a}{A} \right) \tag{2.15}$$

として与えられる．

2.4 パスカルの原理

静止流体中に図 2.5 のような微小直角三角柱をとり，その面に働く力のつりあいを考える．z 軸が鉛直上向きとなる座標軸をとり，各面に作用する圧力を p_s, p_y, p_z とし，それぞれ微小面であるから一定とみなす．y 方向と z 方向の力のつりあいは次式で表される．

$$p_y \mathrm{d}x \mathrm{d}z = p_s \mathrm{d}x \mathrm{d}s \sin \theta$$

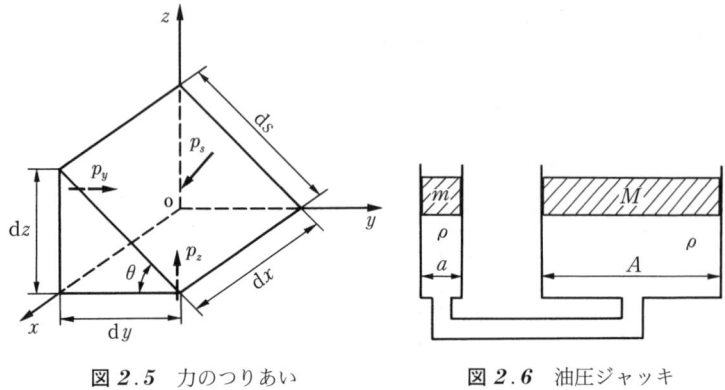

図2.5 力のつりあい　　図2.6 油圧ジャッキ

$$p_z \mathrm{d}x\mathrm{d}y = p_s \mathrm{d}x\mathrm{d}s \cos\theta + \frac{1}{2}\mathrm{d}x\mathrm{d}y\mathrm{d}z\rho g$$

一方，幾何学的関係から $\mathrm{d}y = \mathrm{d}s\cos\theta$，$\mathrm{d}z = \mathrm{d}s\sin\theta$ であるから

$$p_y = p_s, \quad p_z = p_s + \frac{1}{2}\mathrm{d}z\rho g$$

となる。三角柱をさらに小さくすれば（$\mathrm{d}z \to 0$），以下の結果を得る。

$$p_y = p_z = p_s \tag{2.16}$$

このことから，任意の一点に作用する圧力はすべての方向に等しいことがわかる。これを**圧力の等方性**（isotropy of pressure）と呼び，このような応力状態を**等方静水圧**（hydrostatic pressure）の状態と呼ぶ。

圧力の等方性から，密閉した容器内に非圧縮性流体を満たしているとき任意の点の圧力を増加させると，流体内のすべての点に同じ大きさの圧力増加が現れるという原理が導き出される。これを**パスカルの原理**（Pascal's principle）と呼ぶ。この実用的な応用例として図2.6に示す油圧ジャッキの場合を考え

コーヒーブレイク

空気圧で大重量物を支える

身の回りには，空気の圧力で重いものを支えている例が多い。自転車や自動車のタイヤ，エアジャッキなどがある。また，東京ドームの天井は重さが400tもある。この天井は空気の圧力だけで支えられている。ドーム内の圧力は外気に比べわずか0.3％高いだけですんでいる。ほかの例も考えてみよう。

る。ピストンとシリンダが同じ水平位置にある。それぞれの面積を a, A とし，質量を m, M とする。圧力は左右同じであるから

$$\frac{mg}{a} = \frac{Mg}{A}$$

となる。したがって

$$m = \frac{a}{A} M \tag{2.17}$$

となり，面積比に応じて重い物体を軽い物体あるいはわずかな力で支えられることがわかる。

2.5 静止液中の壁面に働く力

2.5.1 平面壁に働く力

静止流体中の壁面に働く力，すなわち圧力による力を考える。図 2.7 に示すような液表面に対して，角度 θ で挿入された傾斜板を考える。板の表面上に xy 座標軸をおき，座標原点は y 軸と液表面の交点におく。また，表面から鉛直下向きの深さを z とする。深さ z の圧力 p は

$$p = \rho g z = \rho g y \sin \theta$$

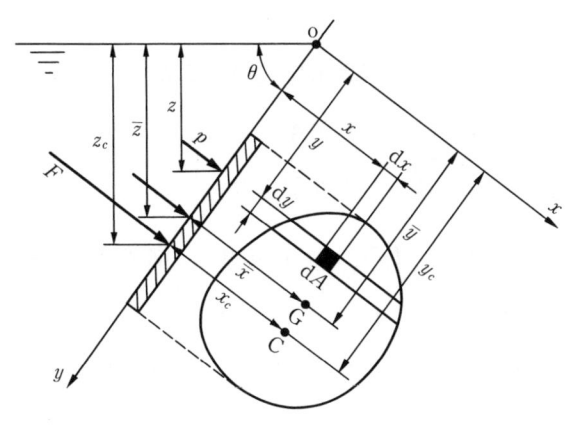

図 2.7　傾斜板に働く力

であるから，微小面積 dA に作用する力 dF は

$$dF = pdA = \rho g y \sin\theta dA \tag{2.18}$$

である。したがって，全平板に働く力（全圧力）は

$$F = \int dF = \rho g \sin\theta \int y dA \tag{2.19}$$

となる。平板の面積を A，その平板に沿った重心 G の深さを $\bar{y}$ とすると，**重心**（図心）の定義より

$$\int y dA = \bar{y} A \tag{2.20}$$

であるから，式 (2.19) は式 (2.21) となる。

$$F = \rho g \sin\theta \bar{y} A = \rho g \bar{z} A = \bar{p} A \tag{2.21}$$

式 (2.21) から力は，図形の重心に働く圧力と面積との積に等しいことがわかる。

つぎに**圧力の中心**（center of pressure），すなわち分布をもった圧力が平板に作用した状態と集中力 F が作用するときのモーメントがつりあう位置 (x_c, y_c) を求める。まず，y 軸方向について考える。微小面積 dA に作用する力 dF の ox 軸周りに作用するモーメントの和は，モーメント Fy_c に等しいから

$$Fy_c = \int y dF \tag{2.22}$$

となる。式 (2.18) および式 (2.19) を式 (2.22) に代入すると，y_c は

$$y_c = \frac{\rho g \sin\theta \int y^2 dA}{\rho g \sin\theta \int y dA} = \frac{\int y^2 dA}{\int y dA} \tag{2.23}$$

となる。ここで，$\int y dA$ と $\int y^2 dA$ は ox 軸周りの断面1次モーメントと断面2次モーメント I であり，y_c はそれらの比で表される。重心 G を通り x 軸に平行な軸周りの断面2次モーメントを I_G とすれば，I は平行軸の定理と呼ばれる以下の関係が成り立つ。

$$I = I_G + A\bar{y}^2$$

この関係と式 (2.20) を式 (2.23) に代入すると，y_c は

$$y_c = \frac{I_G}{A\bar{y}} + \bar{y} \tag{2.24}$$

となり，圧力の中心は重心より深い位置にあることがわかる。

つぎに，x 座標の x_c を考える。微小面積 dA に作用する力の oy 軸周りのモーメントの和 $\int x dF$ は，モーメント Fx_c に等しいから

$$Fx_c = \int x dF \tag{2.25}$$

となる。したがって，x_c は

$$x_c = \frac{\rho g \sin\theta \int xy dA}{\rho g \sin\theta \int y dA} = \frac{\int xy dA}{\int y dA} \tag{2.26}$$

となる。ここで，$\int xy dA$ は oy 軸周りの断面相乗モーメント J であり，圧力の中心 x_c は

$$x_c = \frac{J}{A\bar{y}} \tag{2.27}$$

となる。図形が長方形や円のような対称軸をもつ場合は，圧力の中心 x_c は明らかに対称軸上にある。

図 2.8 (a) に示す長方形の圧力の中心 ($y_c = z_c$) は，$I_G = ab^3/12$ より

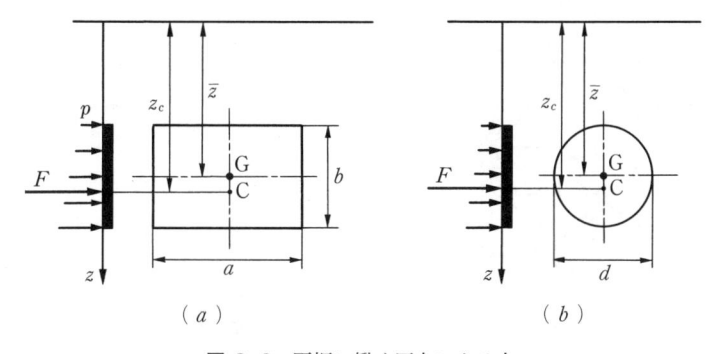

図 2.8　平板に働く圧力による力

$$z_c = \bar{z} + \frac{b^2}{12\bar{z}}$$

となり，一方，図 (b) に示す円の場合は，$I_G = \pi d^4/64$ より

$$z_c = \bar{z} + \frac{d^2}{16\bar{z}}$$

となる。

2.5.2 曲面壁に働く力

容器のような曲面に働く圧力による力は，局所面積に作用する力の大きさや方向が複雑であるため，一般に求めることは難しい。ここでは，形状が簡単な2次元の曲面について考える。この場合，圧力による力を水平分力と垂直分力とに分け，それぞれについて求めた後，合成すれば合力が得られる。

図 2.9 に示すような2次曲面 ABCD について考える。曲面上に微小面積 abcd（面積 dA）をとり，これに作用する力 dF の y 方向成分 dF_y を考えると

$$dF_y = \rho g z \sin\theta dA \tag{2.28}$$

と与えられる。ここで $\sin\theta dA$ は dA の xz 面への投影面積 dA_y と等しい。したがって，曲面全体に作用する y 方向の力 F_y は

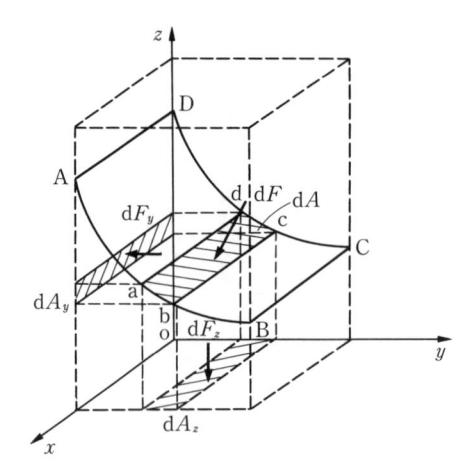

図 2.9 曲面に働く圧力による力

$$F_y = \rho g \int z \, dA_y = \rho g \bar{z} A_y \tag{2.29}$$

となる．ここに，$\bar{z}$ は曲面 ABCD の xz 面への投影面積の重心位置であり，A_y はその面積である．この結果は平面壁の場合と同様である．

つぎに，dA に作用する z 方向成分 dF_z を考えると

$$dF_z = \rho g z \cos \theta \, dA = \rho g z \, dA_z \tag{2.30}$$

と与えられる．ここで $\cos \theta \, dA$ は xy 面の投影面積 dA_z である．曲面全体に作用する力 F_z は

$$F_z = \rho g \int z \, dA_z = \rho g V \tag{2.31}$$

となる．ここに，V は曲面 ABCD 上の液体の体積である．この結果，曲面に作用する力の z 方向成分は，その曲面上にある液体の全重量に等しいことがわかる．

2.6 浮　　　　力

流体中の物体は，流体の圧力のため重量が軽減することが知られている．これは，"流体中では物体が排除した流体の重量に等しいだけ浮力を受け，その分だけ重量減少が生じる" という**アルキメデスの原理** (principle of Archimedes) として説明できる．

図 **2.10** のように密度 ρ の流体中に体積 V の物体が浸かっている．物体を

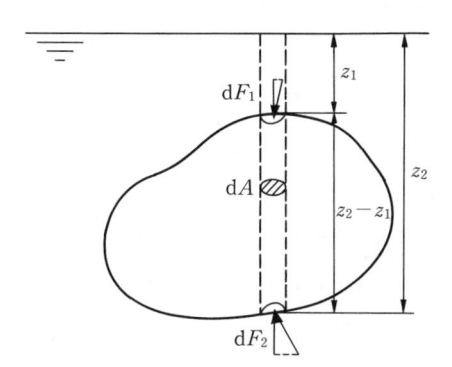

図 **2.10** 流体中の物体に働く浮力

鉛直に貫く微小円筒について考える。この円筒の上面と下面での表面積はそれぞれ dA_1, dA_2 をもつが，鉛直投影面積は同じ dA であり，長さは (z_2-z_1) である。上下二つの面に作用する圧力による力は，$dF_1=\rho g z_1 dA$ および $dF_2=\rho g z_2 dA$ であるから，その力の差の総和をとれば物体全体の上下面に作用する力の差，すなわち**浮力**（buoyant force）F が得られる。

$$F = \int (dF_2 - dF_1) = \rho g \int (z_2-z_1)dA = \rho g V \tag{2.32}$$

浮力は，物体が排除した流体の重量に等しく，鉛直上向きに働くことがわかる。また，浮力は排除した流体の重心に働く。

体積 V，密度 ρ_m の物体が密度 ρ の流体中にあると仮定する。重力（重量 mg）が下向きに働き，浮力が上向きに働くことから

$$mg - F = (\rho_m - \rho)gV \tag{2.33}$$

となり，$\rho_m > \rho$ の場合は下向きの重力が大きく物体は沈み，逆に $\rho_m < \rho$ の場合は浮力が大きく浮くことになる。

つぎに，流体中に浮いている物体，すなわち**浮揚体**（floating body）の安定性について考える。安定問題は物理や工学において重要である。ある状態が安定であるとは，その状態に外乱によるわずかな変化を与えたとしても，もとの状態に戻る。逆に別な状態にどんどん変化する場合は，その状態は不安定であるという。流体中に完全に浸されている物体の場合，浮力の中心が物体の重心より上にあるとき安定である。しかし，浮揚体は，浮力の中心が物体の重心より下にある場合が多い。このとき浮揚体（例えば船）は，不安定でわずかな風によって転覆するのか考える。

図 **2.11**（a）はつりあい状態を示しており，浮力 F と浮揚体の重量 W とは等しく，浮揚体の重心 G と浮力の中心 C は同一鉛直線上にある。ここで，G と C とを結ぶ鉛直線を浮揚軸，水面と同一面を浮揚面，浮揚面から物体の最低底までの深さを喫水，物体が排除した水の重量を排水量と呼ぶ。浮揚体が何らかの原因で傾いた場合を考える〔図（b）〕。そのとき重心 G の位置は変わらないが，浮力の中心 C は新しい位置 C′ に移動する。その結果，偶力 Ws

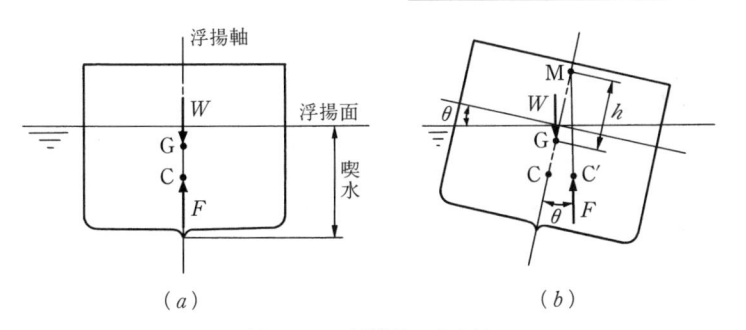

図 2.11 浮揚体の安定性

$(=Fs：s=h\sin\theta)$ が生じ，もとの姿勢に戻そうとする復元力が生じる。したがって，浮揚体はもとに戻り安定である。浮力 F の作用線と浮揚軸との交点 M を**メタセンタ**（metacenter）と呼び，GM をメタセンタの高さと呼ぶ。メタセンタの位置 M が G より上にあれば安定で，逆に M が G より下にあれば不安定となり，M と G が一致している場合は傾いたままとなり，中立であるという。

ポイント

(1) 標準大気圧は水銀柱 760 mm が底面を押す圧力である。また，圧力差は液柱計によって液柱の長さによって測定される。U字管マノメータや傾斜微圧計の原理を理解すること。

(2) 流体中の平板に作用する圧力による合力は，平板の重心に働く圧力と全面積の積に等しい。また，合力の作用点である深さ方向の圧力の中心は，断面2次モーメントを断面1次モーメントで割った値である。

(3) 物体は排除した流体の重量に等しいだけ浮力を受け，重量減少を生じる。

演 習 問 題

【1】 図 2.3 (b) の容器内の圧力と大気圧の差を測るため，マノメータを付け液柱差を測定したところ，$h=0.2$ m，$h'=0.3$ m であった。容器内の圧力はどの

30　2．静止流体の力学

くらいか。ただし，密度はそれぞれ $\rho=0.8\,\mathrm{g/cm^3}$，$\rho'=13.6\,\mathrm{g/cm^3}$ である。

【2】 問図 2.1 に示すように，ピストンAとシリンダBの直径が，それぞれ5cmと1mであるプレスを考える。Bとその上に載せた物体の質量の合計が5 000 kgであるとき，ピストンにどれだけの力 F を加えればよいか答えよ。ただし，ピストンAの重量は無視する。内部流体の密度は $\rho=850\,\mathrm{kg/m^3}$ とする。

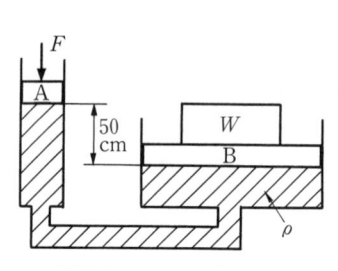

問図 2.1　油圧ジャッキ

問図 2.2　タンク内の圧力

【3】 問図 2.2 に示すように，密閉タンクのなかに混ざらない2液が入っている。側壁に液柱計を立てたとき，それぞれの上昇高さを求めよ。ただし，タンク上部の空気層のゲージ圧力は10 kPa である。

【4】 問図 2.3 に示す堤防の単位幅にかかる圧力による力を求めよ。また，圧力中心は壁に沿って水面からどの位置にあるか。ただし，水深が $h=20\,\mathrm{m}$，壁の傾斜角 $\theta=60°$ とする。

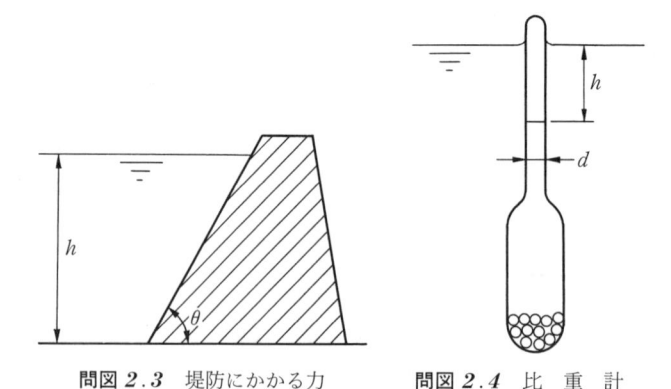

問図 2.3　堤防にかかる力

問図 2.4　比重計

【5】 質量 $m=6\,\mathrm{g}$，上部ステムの径が $d=5.0\,\mathrm{mm}$ の比重計がある。これを水に浮かべたときの浮揚面に印を付けた。つぎに，比重がわからない液に浮かべたところ，浮揚面の差が $h=25\,\mathrm{mm}$ であった（**問図 2.4**）。この液の密度 ρ を求めよ。水の密度は $\rho=1\,\mathrm{g/cm^3}$ とする。

【6】 一定の加速度 a で水平方向に走っている列車内に液体を入れた容器を置いた（**問図 2.5**）。その自由表面は水平に対してどれだけ傾くか求めよ。

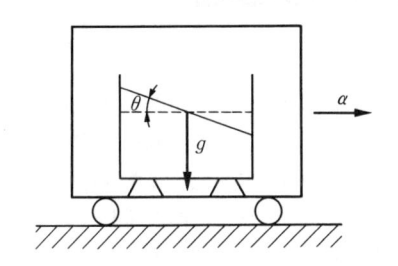

問図 2.5 等加速度運動

3

理想流体の運動

　粘性と圧縮性をもたない流体を理想流体と呼び，理想流体の運動は比較的簡単に理解できる．まず，流体運動を具体的に目で見る方法を理解し流れ場のイメージ化を図る．つぎに運動を支配する基礎方程式について説明する．最後に流れ関数，速度ポテンシャルを説明し，理想流体の代表的な流れ場について説明する．ただし，3.5，3.6節は応用数学的記述が含まれるため，初学者は飛ばしてもよい．

3.1 運動の観察

　流体は空気や水に代表されるように透明であり，その運動を観察することはそのままではできない．そこで流れのなかにトレーサ（目印になる物質）を挿入してその動きから流れを目で見えるようにする．これを**流れの可視化**（flow visualization）という．身近な例では，煙突から出る煙の動きから風の方向や速さを，また，水面に浮かぶ落ち葉の動きや水中のごみなどの動きから川の流れを観察することができる．これらの例は流れ場にトレーサを挿入して観察する方法でトレーサ法と呼ぶ．ほかに物体表面に柔らかい数 cm のタフト（糸）を取り付け，その動きから流れの方向や渦領域などを観察するタフト法，水の電気分解を活用して水流中に張った白金線を陰極としてそこから発生する水素気泡群の動きを観察するなどの電気的，化学的な方法，さらに流体の密度や屈折率の変化を利用して流れを観察する光学的方法などがある．**図 3.1** は 2 次元煙風洞における流線形物体と円柱周りの流れを示す．具体的な流れを理解しようとするとき，流れの可視化による観察が最も有効である．

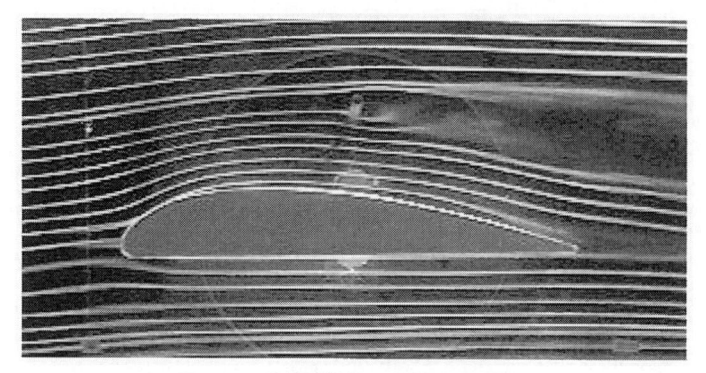

図 3.1 流線形物体と円柱周りの流れ

　流体運動を定式化する方法，すなわち流体の速度や圧力などを表現する方法には二つの方法がある。その一つは，流体中の微小要素（流体粒子）に着目して，その要素の時々刻々の位置を追跡しどのように運動するかを調べる方法で，質点力学の考え方の拡張である。その運動は，粒子の最初の位置と時間の関数として記述され，**ラグランジュ**（Lagrange）**の方法**という。例えば，風船を飛ばしてその位置を追跡する方法である。ラグランジュの方法で流れを解析することは困難な場合が多く，本書では紹介にとどめる。

　第二は，流体中のある点における速度や圧力が時間とともにどのように変化するかを調べる方法である。これは，流れ場に固定した座標 (x, y, z) と時間 t を独立変数として，流れの量を表示する方法で**オイラーの方法**という。圧力，速度は

$$p = p(x, y, z, t)$$
$$u = u(x, y, z, t), \quad v = v(x, y, z, t), \quad w = w(x, y, z, t) \tag{3.1}$$

と書かれる。通常，流体力学の問題はオイラーの方法を用いる。

3.2　連　続　の　式

　流体の運動を支配する基本的な式の導出として，はじめに質量保存則を考える。式を簡単に表現するため**2次元流れ**（two-dimensional flow）とする。2

次元流れは空間のある一方向の速度成分をもたない流れである。いま，直角座標系（x, y, z）の xy 面内を速度 $\boldsymbol{v}(u, v)$ で流体が流れており，この面に直角な z 方向には流れないものとする。

図3.2 のように，各辺の長さが dx, dy である微小四辺形を流れ場に固定し奥行きの長さは1として考える。なお，理想流体を対象としているが，本節では密度 ρ も変化する一般的な場合として考える。ある時刻 t から $t+dt$ の間に，四辺形 ABCD に出入りする流体の質量変化は（流入質量）−（流出質量）＝（質量増加）である。

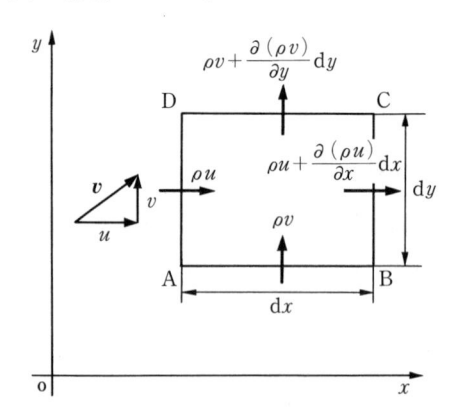

図3.2 微小要素への流体の出入り

流入質量は，AB面（面積 $1 \times dx = dx$）と AD 面（面積 $1 \times dy = dy$）から流入し，それぞれ

$$\rho v dx dt, \quad \rho u dy dt \tag{3.2}$$

である。一方，CD 面と BC 面からの流出質量は，dx, dy の距離の隔たりを考え，テイラー展開して AB 面と AD 面の関数値で表すと

$$\begin{aligned}(\rho v dx dt)_{x, y+dy, t} &\fallingdotseq \left\{\rho v + \frac{\partial(\rho v)}{\partial y} dy\right\}_{x, y, t} dx dt \\ (\rho u dy dt)_{x+dx, y, t} &\fallingdotseq \left\{\rho u + \frac{\partial(\rho u)}{\partial x} dx\right\}_{x, y, t} dy dt\end{aligned} \tag{3.3}$$

となる。また，時刻 t に四辺形 ABCD 内の質量と時刻 $t+dt$ の質量の差から微小時間 dt の間の質量増加は

$$(\rho dxdy)_{x,y,t+dt} - (\rho dxdy)_{x,y,t} \fallingdotseq \left(\rho + \frac{\partial \rho}{\partial t} dt\right) dxdy - \rho dxdy \quad (3.4)$$

となる。したがって，式 (3.2)−式 (3.3)＝式 (3.4)，および $dxdydt$ は任意であることを考慮して

$$\frac{\partial \rho}{\partial t} + \frac{\partial (\rho u)}{\partial x} + \frac{\partial (\rho v)}{\partial y} = 0 \quad (3.5)$$

が得られる。

式 (3.5) は，流体がちぎれることなく流れることを示す**連続の方程式** (equation of continuity) であり，圧縮性流体に対しても成立する。もし，流体が非圧縮性流体であれば，ρ が一定であるから連続の方程式は

$$\frac{\partial u}{\partial x} + \frac{\partial v}{\partial y} = 0 \quad (3.6)$$

となる。または，ベクトル表現を用いると

$$\nabla \cdot \boldsymbol{v} = 0 \quad (3.7)$$

と書ける。ここで，ナブラ $\nabla = (\partial/\partial x, \partial/\partial y)$，速度ベクトル $\boldsymbol{v} = (u, v)$ で，両ベクトルの内積である。

3.3 オイラーの運動方程式

質点系のニュートンの運動方程式（$m\boldsymbol{a} = \boldsymbol{f}$）を流体運動に適用する。

3.3.1 加　速　度

いま，点 $P(x, y)$ を中心とする流体要素を考える（**図 3.3**）。この点の速度成分は $u(x,y,t)$, $v(x,y,t)$ である。微小時間 dt の後に流体要素は Q 点 $(x+dx, y+dy)$ に移る。流体要素は P 点での速度成分で移動するから，$dx = udt$, $dy = vdt$ である。また，Q 点の速度成分は，多変数のテイラー展開により

$$u(x+dx, y+dy, t+dt)$$

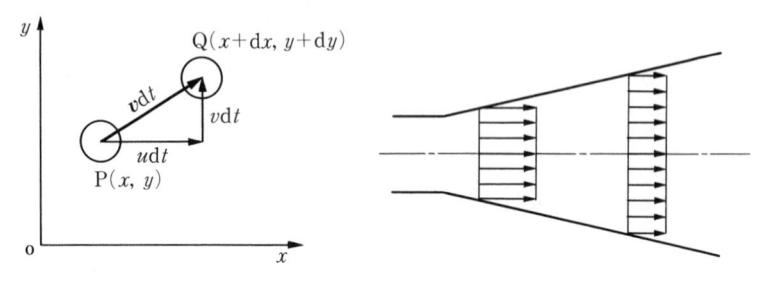

図 3.3 流体粒子の移動（加速度）　　**図 3.4** 対流項の意味

$$= u(x,y,t) + \frac{\partial u}{\partial x}dx + \frac{\partial u}{\partial y}dy + \frac{\partial u}{\partial t}dt + O(dt^2) \quad (3.8)$$

となる．したがって，点Pから点Qの間にx方向の速度変化率つまり加速度は

$$a_x = \lim_{dt \to 0} \frac{du}{dt} = \lim_{dt \to 0} \frac{1}{dt}\{u(x+dx, y+dy, t+dt) - u(x,y,t)\}$$

$$= \lim_{dt \to 0}\left\{\frac{\partial u}{\partial t} + \frac{\partial u}{\partial x}\frac{dx}{dt} + \frac{\partial u}{\partial y}\frac{dy}{dt} + O(dt)\right\}$$

$$= \frac{\partial u}{\partial t} + u\frac{\partial u}{\partial x} + v\frac{\partial u}{\partial y} \quad (3.9)$$

となる．ここで$u=\lim(dx/dt)$，$v=\lim(dy/dt)$である．y方向の加速度 a_y も同様に導出できる．

$$a_y = \frac{\partial v}{\partial t} + u\frac{\partial v}{\partial x} + v\frac{\partial v}{\partial y} \quad (3.10)$$

　流体の加速度は，**時間的**（instantaneous）変化による加速度 $\partial \boldsymbol{v}/\partial t$ と流体要素の移動（convective）に伴う加速度 $(u\partial/\partial x + v\partial/\partial y)\boldsymbol{v}$ との和として表される．前者を**非定常項**，後者を**対流項**という．

　対流項の意味を理解するため簡単な例を考える．**図 3.4** に示すような断面積 $A(x)$ をもつ広がり流路を，一定流量の流体が流れているとする．流量が一定であり速度の時間変化はないから $\partial u/\partial t = 0$ である．簡単のため速度は流れ方向 u のみの1次元流れとすると，流量 $Q=Au$ であるから速度 u は断面

積 A に反比例して変化し，$\partial u/\partial x \neq 0$ である．したがって，対流項（$u\partial u/\partial x$）は値をもち，加速度をもつことがわかる．

3.3.2 圧力と外力

流体に作用する力は，体積力と面積力に分けることができる．体積力は万有引力や電磁気力などに代表され，面積力には圧力や表面張力などがある．粘性がない理想流体中に働く力は重力と圧力が重要である．簡単のため2次元流れとして，図 3.5 の微小四辺形に働く力を考える．x 方向の圧力による力は，AD面で右向きに $p\mathrm{d}y$，BC面では左向きに $\{p+(\partial p/\partial x)\mathrm{d}x\}\mathrm{d}y$ であるから，全体では

$$p\mathrm{d}y - \left(p + \frac{\partial p}{\partial x}\mathrm{d}x\right)\mathrm{d}y = -\frac{\partial p}{\partial x}\mathrm{d}x\mathrm{d}y$$

となる．同様に y 方向の圧力による力は，$-(\partial p/\partial y)\mathrm{d}x\mathrm{d}y$ となる．

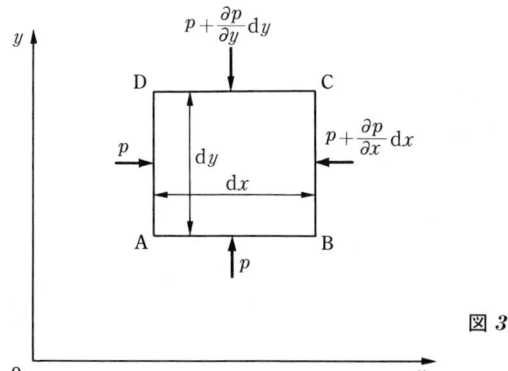

図 3.5 微小四辺形に働く力

流体には圧力以外に外力が働いており，その単位質量当りの大きさを $\boldsymbol{f}$ (f_x, f_y) とする．x 方向および y 方向の外力は $\rho f_x \mathrm{d}x\mathrm{d}y$，$\rho f_y \mathrm{d}x\mathrm{d}y$ となる．したがって，運動方程式はすでに求めた式 (3.9) の加速度を用い式 (3.11) を得る．

$$\rho \mathrm{d}x\mathrm{d}y\left(\frac{\partial u}{\partial t} + u\frac{\partial u}{\partial x} + v\frac{\partial u}{\partial y}\right) = -\frac{\partial p}{\partial x}\mathrm{d}x\mathrm{d}y + \rho f_x \mathrm{d}x\mathrm{d}y \qquad (3.11)$$

y 方向についても同様に考えることができる。式（3.11）を質量（$\rho \mathrm{d}x\mathrm{d}y$）で割れば，式（3.12）のようになる。

$$\frac{\partial u}{\partial t} + u\frac{\partial u}{\partial x} + v\frac{\partial u}{\partial y} = -\frac{1}{\rho}\frac{\partial p}{\partial x} + f_x$$
$$\frac{\partial v}{\partial t} + u\frac{\partial v}{\partial x} + v\frac{\partial v}{\partial y} = -\frac{1}{\rho}\frac{\partial p}{\partial y} + f_y \tag{3.12}$$

式（3.12）が2次元の理想流体に対する**オイラーの運動方程式**（Euler's equations of motion）である。外力が重力のみであるとき，y 軸を鉛直上向きにとると，$f_x = 0$，$f_y = -g$ となる。

3次元流れに対しても容易に拡張されるため省略する。

3.4　流線と流れ関数

流線（stream line）は，流れのなかに仮想された線で，ある瞬間にその線上の各点における接線の方向が速度ベクトル $\boldsymbol{v}(u,v)$ の方向と一致するような曲線である（図 3.6）。流線の線素を $\mathrm{d}\boldsymbol{s}(\mathrm{d}x, \mathrm{d}y)$ とすれば，$\mathrm{d}\boldsymbol{s}$ と $\boldsymbol{v}$ の方向は一致するから，**流線の方程式**は

$$\frac{\mathrm{d}x}{u} = \frac{\mathrm{d}y}{v} \tag{3.13}$$

と与えられる。

式（3.13）は"流体が流線を横切って流れることはない"という流線の重

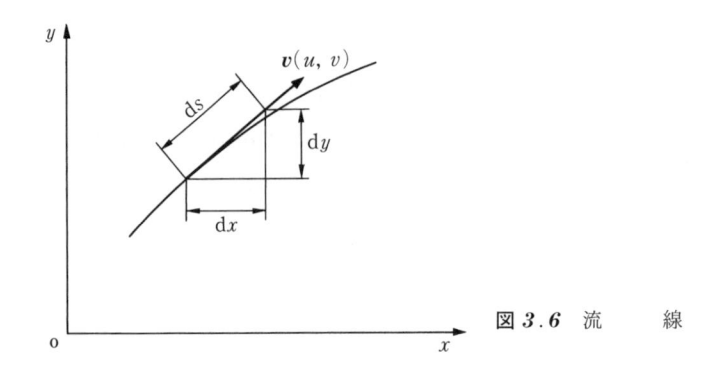

図 3.6　流　　　線

要な性質を示している。したがって，2次元流れでは2本の流線間の流量は変わらない。さらに，ある側面が流線の集合からなるような管を考え，これを**流管** (stream tube) という。流管内を流れる流量も変わらない。

流れを観察するとき，例えば**図 3.1** の煙が示す線やインクを細管から連続的に流したとき見える線は**流脈線** (streak line) と呼び，1個のごみやシャボン玉が時間的に動いた道筋を**流跡線** (path line) と呼ぶ。流線と流脈線や流跡線は，流れが時間的に変化しない定常流では一致する。非定常流では，各瞬間の流線に沿ってトレーサは動くため，流脈線と流跡線は異なる線を示す。

2次元非圧縮性流体の場合，連続の式は $\partial u/\partial x = \partial(-v)/\partial y$ と書ける。この関係は，流線の方程式 (3.13)，つまり，$-v\,dx + u\,dy = 0$ が全微分であるための必要十分条件となっており，あるスカラー関数 ψ の全微分が

$$d\psi = \frac{\partial \psi}{\partial x}dx + \frac{\partial \psi}{\partial y}dy = -v\,dx + u\,dy = 0 \tag{3.14}$$

と書ける。ここで

$$u = \frac{\partial \psi}{\partial y}, \quad v = -\frac{\partial \psi}{\partial x} \tag{3.15}$$

となる。式 (3.14) を積分すると

$$\psi(x,y) = C$$

が得られる。ここに，C は任意定数である。つまり，$\psi = C$ は一つの曲線を示し，流線にほかならない。C の値を変えれば別の流線を与え，複数の C の値

コーヒーブレイク

流れを見る

流体の運動はきわめて複雑であり，それを扱う流体力学が応用数学的になりがちである。流体運動を考えるとき，流れの状況を把握する流れの可視化はきわめて重要である。可視化技術にはさまざまな方法が開発されており，現在も画像処理技術の発達に伴い新しい技術が開発されている。

われわれが日常流れをどのように認識しているか考えてみよう。コーヒーにミルクを入れてかき混ぜたときの流れの変化を観察することは興味深い。風の動きは木立の揺れ，煙突から出る煙などさまざまな様子から理解している。

に応じて流線群が得られる。この関数 $\psi(x,y)$ を**流れ関数**（stream function）という。

流線は3次元においても定義されるが，流れ関数は2次元非圧縮流れにおいて定義され，**5**章で扱う粘性流体においても同様に定義される。

3.5 流体の変形と回転

流体運動の特徴は，変形が自由であることである。流体の変形は図 **3.7** に示すように3種類〔(a) 伸び縮み，(b) ずり変形，(c) 回転〕に分類することができる。

(a) 伸び縮み　　(b) ずり変形　　(c) 回　転

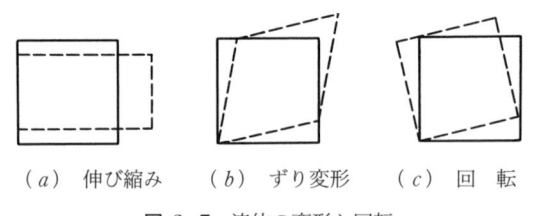

図 3.7 流体の変形と回転

この3種類の変形が数式的にどのように表現されるか調べる。流体中の微小辺 AB が運動に伴ってどう変形するかを考える（**図 3.8**）。いま，点 A が原

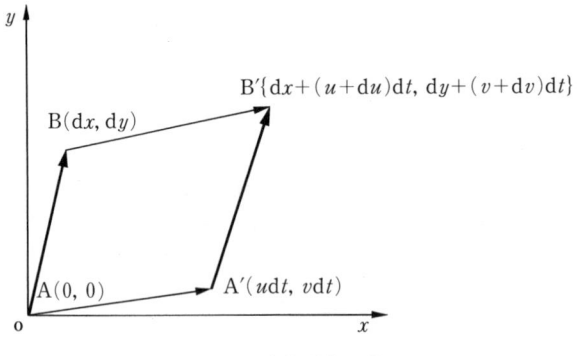

図 3.8 流体要素の動き

点にありその場の速度 (u, v) とする。点 B の位置は (dx, dy) にあり，速度を $(u+du, v+dv)$ とする。dt 時間後に AB が A'B' に移動したとする。点 A' は (udt, vdt)，点 B' は $\{dx+(u+du)dt, dy+(v+dv)dt\}$ となる。ここで，辺 AB と辺 A'B' の長さの変化を調べる。

$$
\begin{aligned}
\{d(dx), d(dy)\} &= A'B' - AB = BB' - AA' \\
&= [\{dx+(u+du)dt, dy+(v+dv)dt\} - (dx, dy)] - (udt, vdt) \\
&= (dudt, dvdt) = (du, dv)dt
\end{aligned}
$$

となる。du, dv は (dx, dy) 間での変化であるから

$$
\begin{aligned}
du &\fallingdotseq \frac{\partial u}{\partial x} dx + \frac{\partial u}{\partial y} dy \\
dv &\fallingdotseq \frac{\partial v}{\partial x} dx + \frac{\partial v}{\partial y} dy
\end{aligned}
\tag{3.16}
$$

となる。行列表現を用いて見やすく書くと，式 (3.17) のようになる。

$$
\begin{bmatrix} d(dx) \\ d(dy) \end{bmatrix} = \begin{bmatrix} \dfrac{\partial u}{\partial x} & \dfrac{\partial u}{\partial y} \\ \dfrac{\partial v}{\partial x} & \dfrac{\partial v}{\partial y} \end{bmatrix} \begin{bmatrix} dx \\ dy \end{bmatrix} dt = C \begin{bmatrix} dx \\ dy \end{bmatrix} dt
\tag{3.17}
$$

さらに，2 行 2 列の行列 C は対称部分と反対称部分に分けて表すと

$$
C = \begin{bmatrix} \dfrac{\partial u}{\partial x} & \dfrac{\partial u}{\partial y} \\ \dfrac{\partial v}{\partial x} & \dfrac{\partial v}{\partial y} \end{bmatrix} = \begin{bmatrix} \varepsilon_x & 0 \\ 0 & \varepsilon_y \end{bmatrix} + \begin{bmatrix} 0 & \dfrac{\gamma_{xy}}{2} \\ \dfrac{\gamma_{xy}}{2} & 0 \end{bmatrix} + \begin{bmatrix} 0 & -\dfrac{\omega}{2} \\ \dfrac{\omega}{2} & 0 \end{bmatrix}
\tag{3.18}
$$

と書ける。ここに

$$
\varepsilon_x = \frac{\partial u}{\partial x}, \quad \varepsilon_y = \frac{\partial v}{\partial y}, \quad \gamma_{xy} = \left(\frac{\partial v}{\partial x} + \frac{\partial u}{\partial y}\right), \quad \omega = \left(\frac{\partial v}{\partial x} - \frac{\partial u}{\partial y}\right)
\tag{3.19}
$$

ε_x, ε_y は図 3.7 (a) に示す x 方向および y 方向の伸び速度を示す。γ_{xy} は，ずり変形速度と呼び，図 3.7 (b) に示す矩形要素が平行四辺形に変形する速さを示す。ω は**渦度** (vorticity) と呼び，変形を伴わない回転の速さを示す〔図 3.7 (c)〕。

以上の議論は3次元の一般の場合に拡張できる。この場合，伸び速度，ずり変形速度，回転のいずれも三つの成分をもつ。すなわち，伸び速度はそれぞれの方向成分として

$$\varepsilon_x = \frac{\partial u}{\partial x}, \quad \varepsilon_y = \frac{\partial v}{\partial y}, \quad \varepsilon_z = \frac{\partial w}{\partial z}$$

となり，ずり変形速度は

$$\gamma_{xy} = \left(\frac{\partial v}{\partial x} + \frac{\partial u}{\partial y}\right), \quad \gamma_{yz} = \left(\frac{\partial w}{\partial y} + \frac{\partial v}{\partial z}\right), \quad \gamma_{zx} = \left(\frac{\partial u}{\partial z} + \frac{\partial w}{\partial x}\right)$$

となる。

回転を表す渦度 ω は，x, y, z 方向の単位ベクトル i, j, k とし，ベクトル微分演算子 $\nabla = (\partial/\partial x, \partial/\partial y, \partial/\partial z)$ と速度ベクトル v とのベクトル積で表される。

$$\boldsymbol{\omega} = \operatorname{rot} \boldsymbol{v} = \nabla \times \boldsymbol{v} = \begin{vmatrix} \boldsymbol{i} & \boldsymbol{j} & \boldsymbol{k} \\ \dfrac{\partial}{\partial x} & \dfrac{\partial}{\partial y} & \dfrac{\partial}{\partial z} \\ u & v & w \end{vmatrix}$$

$$= \left(\frac{\partial w}{\partial y} - \frac{\partial v}{\partial z}\right)\boldsymbol{i} + \left(\frac{\partial u}{\partial z} - \frac{\partial w}{\partial x}\right)\boldsymbol{j} + \left(\frac{\partial v}{\partial x} - \frac{\partial u}{\partial y}\right)\boldsymbol{k} \qquad (3.20)$$

つまり，xy 平面内の2次元場で説明した ω は，z 方向の渦度である。渦度ベクトルは，回転の強さを表し，その方向は回転面の法線方向である。

ここで流体中にある閉曲線を考え，その曲線に沿った速度の接線成分の積分を考える。この値を**循環** (circulation) Γ と呼ぶ。循環は，ベクトル解析の**ストークスの定理**によれば

$$\Gamma = \oint \boldsymbol{v} \cdot \mathrm{d}\boldsymbol{s} = \iint (\nabla \times \boldsymbol{v}) \cdot \mathrm{d}\boldsymbol{A} = \iint \boldsymbol{\omega} \cdot \mathrm{d}\boldsymbol{A} \qquad (3.21)$$

となり，渦度 ω の面積積分となることがわかる。

3.6 速度ポテンシャルと複素速度ポテンシャル

3.6.1 速度ポテンシャル

流体の回転運動は渦度 ω によって特徴づけられる。そこで，$\omega=0$ である運動を**渦なし流れ**(irrotational flow)といい，$\omega\neq0$ のとき**渦あり流れ**(rotational flow) という。

いま，渦なし流れ（$\omega=0$）であるならば，式（3.20）よりつぎの関係が成り立つ。

$$\frac{\partial w}{\partial y} = \frac{\partial v}{\partial z}, \quad \frac{\partial u}{\partial z} = \frac{\partial w}{\partial x}, \quad \frac{\partial v}{\partial x} = \frac{\partial u}{\partial y}$$

これはスカラー関数 ϕ の全微分が

$$\mathrm{d}\phi = \frac{\partial \phi}{\partial x}\mathrm{d}x + \frac{\partial \phi}{\partial y}\mathrm{d}y + \frac{\partial \phi}{\partial z}\mathrm{d}z = u\mathrm{d}x + v\mathrm{d}y + w\mathrm{d}z \quad (3.22)$$

を満たす。つまり

$$u = \frac{\partial \phi}{\partial x}, \quad v = \frac{\partial \phi}{\partial y}, \quad w = \frac{\partial \phi}{\partial z} \quad (3.23)$$

となる。このような関数 ϕ を力のポテンシャルにならって，**速度ポテンシャル**（velocity potential）と呼ぶ。ϕ をもつ流れをポテンシャル流れと呼ぶ。関数 ϕ がわかれば，流れ場の速度 v は直ちにわかることになる。速度ポテンシャルを決定する式は，式（3.6）の連続の方程式に式（3.23）を代入すると

$$\nabla^2 \phi = 0 \quad (3.24)$$

となる。ここで，$\nabla^2 = \partial^2/\partial x^2 + \partial^2/\partial y^2 + \partial^2/\partial z^2$ を意味しラプラシアンと呼ばれる。式（3.24）は，熱伝導や電磁気など広範囲に現れ，ラプラスの方程式†と呼ばれる。**1**章でも述べたが理想流体の場合，連続の式（3.6）と非線形であるオイラーの運動方程式（3.12）を連立して解くべきところ，渦なし流れで

---

† 2次元ポテンシャル流れ(渦なし流れ)では，$(\partial v/\partial x - \partial u/\partial y)=0$ であるから，これに式（3.15）の流れ関数を代入すると
$$\nabla^2 \psi = 0$$
となり，流れ関数 ψ も ϕ 同様に**ラプラスの方程式**を満足することがわかる。

は線形の式 (3.24) を解き，ϕ が求まれば流れ場がわかることになる。

3.6.2 複素速度ポテンシャル

2次元ポテンシャル流れの場合，速度ポテンシャル $\phi(x,y)$ と流れ関数 $\psi(x,y)$ から

$$f(z) = \phi(x,y) + i\psi(x,y) \tag{3.25}$$

なる複素関数をつくる。この関数は複素関数論で**コーシー・リーマンの関係式**と呼ばれる関係が成り立つ。すなわち

$$u = \frac{\partial \phi}{\partial x} = \frac{\partial \psi}{\partial y}, \quad v = \frac{\partial \phi}{\partial y} = -\frac{\partial \psi}{\partial x} \tag{3.26}$$

となる。$f(z)$ は複素数 $z = x + iy$ の解析関数であり，その微分は微分の方向によらないから

$$\frac{df}{dz} = \frac{\partial f}{\partial x} = \frac{\partial \phi}{\partial x} + i\frac{\partial \psi}{\partial x} = \frac{\partial f}{i\partial y} = \frac{\partial \phi}{i\partial y} + \frac{\partial \psi}{\partial y} = u - iv \tag{3.27}$$

が得られる。つまり，$f(z)$ の導関数は複素共役速度，または複素速度を与え，この意味で $f(z)$ のことを**複素速度ポテンシャル** (complex velocity potential) という。

2次元ポテンシャル流れの代表的な例は，以下のようなものがある。

〔1〕**一　様　流**　　一様流 (parallel flow) の複素速度ポテンシャルは，次式で与えられる。

$$f = Uz \quad (\phi = Ux, \quad \psi = Uy) \tag{3.28}$$

ここで，U は定数で x 軸に平行な一様流速である〔図 3.9 (a)〕。

〔2〕**吹出しと吸込み**　　原点から流体が吹き出すか吸い込まれる放射状の流れの場合は

$$f = \frac{q}{2\pi} \ln z \quad \left(\phi = \frac{q}{2\pi} \ln r, \quad \psi = \frac{q}{2\pi} \theta \right) \tag{3.29}$$

となる。q は流量であり，正のとき吹出し (source)，負のとき吸込み (sink) を示す〔図 (b)〕。

流速は，$z = x + iy = re^{i\theta}$ とする極座標 (r, θ) で表すと，r 方向と θ 方向

3.6 速度ポテンシャルと複素速度ポテンシャル

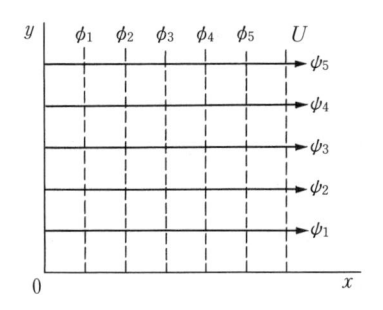

(a) 一様流

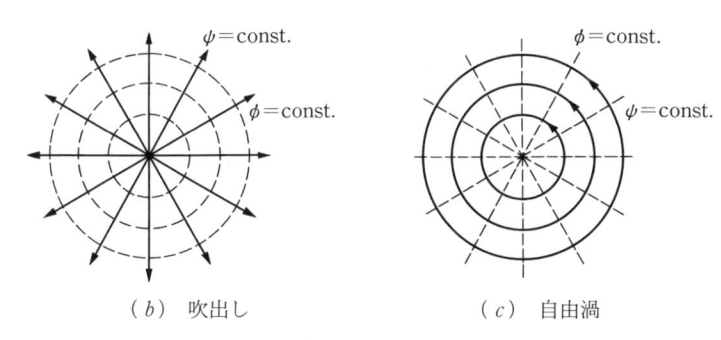

(b) 吹出し

(c) 自由渦

図 3.9　2次元ポテンシャル流れの代表的な例

の速度成分をそれぞれ v_r, v_θ とすると

$$v_r = \frac{\partial \phi}{\partial r} = \frac{1}{r}\frac{\partial \psi}{\partial \theta}, \quad v_\theta = \frac{1}{r}\frac{\partial \phi}{\partial \theta} = -\frac{\partial \psi}{\partial r} \qquad (3.30)$$

と示される。したがって，次式となる。

$$v_r = \frac{q}{2\pi r}, \quad v_\theta = 0 \qquad (3.31)$$

〔3〕**自　由　渦**　周速度が半径 r に反比例して運動する流れを**自由渦** (free vortex) といい，渦なしの回転流れである。

$$f = ik \ln z \quad (\phi = -k\theta, \quad \psi = k \ln r) \qquad (3.32)$$

ここで，k は定数である。式 (3.30) から流速は $v_r=0$, $v_\theta=-k/r$ であり，流線は原点を中心とした同心円群である〔図 (c)〕。自由渦の原点を含む半径 r の閉曲線 C についての循環は

$$\varGamma = \oint v_\theta \mathrm{d}s = -\int_0^{2\pi} \frac{k}{r} r\mathrm{d}\theta = -2\pi k \qquad (3.33)$$

となる。しかし，原点を含まない循環の値はゼロであり，渦度はゼロである。この流れは，原点に強さ $\varGamma$ の渦をもち，これによって誘導される渦なし流れを表している。

ちなみに流体が角速度 Ω で剛体回転しているとき**強制渦**（forced vortex）と呼び，この場合，半径 r の閉曲線の循環 $\varGamma$ は $2\pi r^2 \Omega$ となる。強制渦は渦あり流れで速度ポテンシャルは定義できない。旋回流には自由渦と強制渦の代表的な流れがあり，一般に観察される渦は，図 **3.10** に示すように中心部に強制渦があり，その外部に自由渦がある組合せ渦で近似できる。この渦を**ランキンの組合せ渦**という。

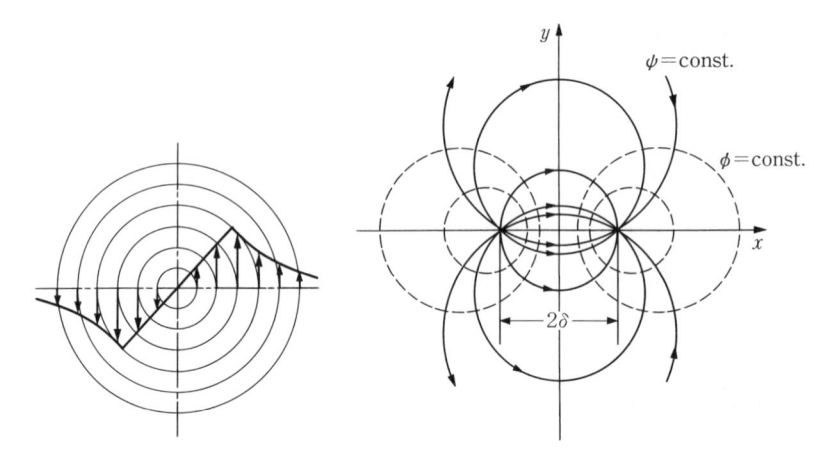

図 **3.10** ランキンの組合せ渦 図 **3.11** 吹出しと吸込み

以上，〔1〕〜〔3〕のポテンシャル流れを調べたが，ϕ も ψ も線形のラプラス方程式の解であるから，これらを組み合わせた流れもまた解となる。

例えば，吹出しと吸込みの源が一点に近づいた特別な場合として**二重吹出し**（doublet）がある。いま，図 **3.11** に示すように吹出しと吸込みが原点から δ だけ離れているとすると，式（3.29）より

3.6 速度ポテンシャルと複素速度ポテンシャル

$$f = \frac{q}{2\pi}\{\ln(z+\delta)-\ln(z-\delta)\} = \frac{q}{2\pi}\ln\frac{z+\delta}{z-\delta}$$

となる．ここで，δ は十分小さいとすれば

$$f \fallingdotseq \frac{q}{2\pi}\ln\left(1+\frac{2\delta}{z}\right) \fallingdotseq \frac{\delta q}{\pi z} = \frac{\mu}{z} \tag{3.34}$$

を得る．ここに，$\mu = \delta q/\pi$ を二重吹出しの強さという．μ を一定として (x,y) 座標表現の複素速度ポテンシャル f は

$$f = \frac{\mu}{z} = \mu\frac{x-iy}{x^2+y^2} \tag{3.35}$$

$$\left(\phi = \mu\frac{x}{x^2+y^2}, \quad \psi = -\mu\frac{y}{x^2+y^2}\right)$$

となる．

つぎに，この二重吹出しの強さを $\mu = Ua^2$ とおいた式 (3.35) と，一様流の式 (3.28) を加えた流れの複素ポテンシャルは

$$f = Uz + \frac{Ua^2}{z} = U\left(z+\frac{a^2}{z}\right) \tag{3.36}$$

$$\left(\phi = Ux + \frac{Ua^2 x}{x^2+y^2}, \quad \psi = Uy - \frac{Ua^2 y}{x^2+y^2}\right)$$

となる．

極座標 (r,θ) で速度ポテンシャルを表すと，$\phi = Ur\cos\theta + Ua^2\cos\theta/r$ となり，式 (3.30) から半径方向の速度成分を求めると

$$v_r = \frac{\partial\phi}{\partial r} = U\cos\theta\left(1-\frac{a^2}{r^2}\right)$$

となる．$r=a$ では $v_r=0$ となり，固体表面とみなすことができる．これは図

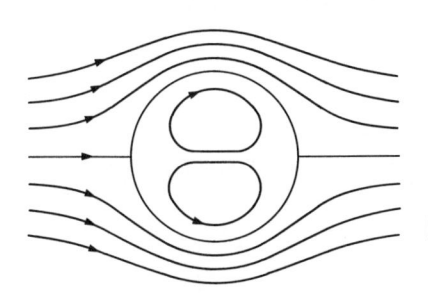

図 3.12 一様流と二重吹出しの組合せ流れ

3.12 に示すように半径 a の円柱周りの流れを示す。さらに，これに自由渦を加えると，回転円柱周りの流れを示すことができる。

ϕ と ψ は複素平面上で直交する。この性質を利用した等角写像の方法により，角を曲がる流れや翼理論などが調べられている。これらの内容は，数理物理的な応用になるので本書では立ち入らないことにする。

ポイント

(1) 流体運動を記述するのにラグランジュの方法とオイラーの方法の 2 通りがある。通常，空間に固定した座標系で表現するオイラーの方法を使う。

(2) 理想流体の運動を支配する基礎式は，質量保存則である連続の方程式とオイラーの運動方程式がある。

(3) 流体運動の特徴は，伸び縮み，ずり変形の 2 種類の変形と回転に分けられる。これらは，伸び速度，ずり変形速度および渦度によって示される。

(4) 渦なし流れの場合は速度ポテンシャル ϕ が定義できる。また，2 次元流れでは流れ関数 ψ が定義できる。ϕ や ψ が定義できる場合は，線形のラプラスの方程式から流れ場を決定することができる。また，2 次元渦なし流れでは，解析関数である複素速度ポテンシャルが定義できる。

演 習 問 題

【1】 2 次元流れにおいて，以下の速度分布で与えられる場合，流線の方程式から流線を求めよ。ただし，k は定数。

(1) $u = ky, \quad v = -kx$

(2) $u = kx, \quad v = -ky$

【2】 流体運動の回転の強さを示すとき渦度を用いる。速度分布が以下に示す場合の渦度を式 (3.20) から求めよ。

(1) $u = ky, \quad v = w = 0$

(2) $u = -\Omega y, \quad v = \Omega x, \quad w = 0$

(3) $u = 10 \times (2y - y^2), \quad v = w = 0$ の場合, $y = 0, 0.5, 1$ における渦度の値を求めよ.

【3】 速度成分が以下に示されるときの速度ポテンシャル ϕ を求めよ.

$$u = kx, \quad v = -\frac{ky}{2}, \quad w = -\frac{kz}{2}$$

【4】 2平板間を流体が穏やかに流れるときの速度は

$$u = U\frac{y}{h}\left(1 - \frac{y}{h}\right) \; [\text{m/s}]$$

で表される. ここで, h は2平板の間隔, U は定数とする.

このときの流れ関数 ψ を求めよ. また, 下の平板 ($y=0$) と上の平板 ($y=h$) は, ともに流線となり, 流れ関数 ψ はそれぞれ一定の値をもつ. $y=0$ の ψ_0 をゼロとし, $y=h$ での値を ψ_h としたとき, その ψ_h の 1/5, 2/5, 3/5, 4/5 の値をとる位置 y を求めよ.

【5】 複素速度ポテンシャル f が式 (3.36) $f = U(z + a^2/z)$ で与えられる. このとき, 速度ポテンシャル ϕ と流れ関数 ψ を直角座標 (x, y) および極座標 (r, θ) を用いて示せ.

4

エネルギーの保存と運動量の保存

　流体は一般に3次元空間を運動するが，流れ方向を考えるだけで重要なことがらがわかる場合がある．例えば，円管内流れのエネルギーの変化や噴流が物体に及ぼす力などを考察する場合は，その平均速度や圧力の変化から理解できる．本章では，時間的に変わらない流れ（定常流）の質量保存，エネルギー保存および運動量の保存則を1次元的な流れについて説明する．

4.1 連 続 の 式

　ここで，管路内を流れる流体の質量保存を考える．**図4.1**に示す管路を流体が流れている．管の断面積 A は場所によって変化する．ある断面を単位時間当り流れる体積 Q〔m³/s〕を**流量**（flow rate）といい，単位時間当りに流れる質量 m〔kg/s〕を質量流速という．平均流速 v は Q を A で割った値である．管路には，途中に漏れや吸込みはないものとすれば，面①，②間の質量保存から

$$m = (\rho Q)_1 = (\rho Q)_2 = 一定 \qquad (4.1)$$

が得られる．密度 $\rho = $ 一定であれば

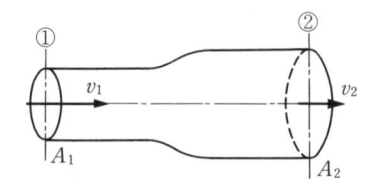

図 **4.1**　管内流れ（質量保存則）

$$Q = v_1 A_1 = v_2 A_2 = 一定 \tag{4.2}$$

となる．式 (4.1) および式 (4.2) を連続の式といい，式 (3.7) または式 (3.8) に示した微分形の連続の式を面①，②と管壁について積分した結果である．ここで流れの出入りを調べる面を**検査面**（control surface）と呼ぶ．この検査面により囲まれた空間を**検査領域**（control volume）と呼ぶ．検査面の選定の仕方は，場合に応じて定めればよい．

4.2 ベルヌーイの定理

質点の運動におけるエネルギー保存則は，"運動エネルギーと位置エネルギーの和が保存される"である．この内容を流体運動の場合に拡張することを考える．

4.2.1 管路におけるベルヌーイの定理

図 4.2 のような管路を考える．検査面を①，②の面と管壁とし，この内部の流体がもつエネルギーを考える．理想流体では，流路の途中においてエネルギーの損失はないから，検査面を出る流体のエネルギーから入る流体のエネルギーの差が増加となり，これは検査面の外部から流体が受けた仕事と等しい．したがって，検査面①に入るエネルギーを E_{in}，検査面②を出るエネルギーを E_{out} とし，外部から流体が受けた仕事を W_R，流体が外部にした仕事を W_D

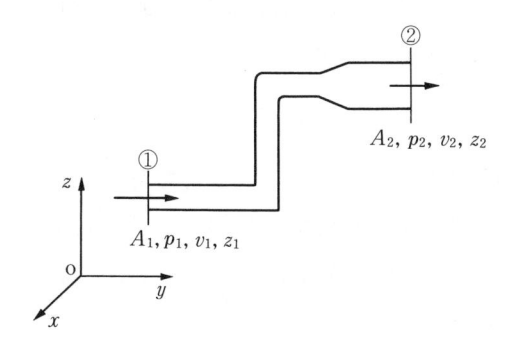

図 4.2 ベルヌーイの定理

とすると

$$E_\text{out} - E_\text{in} = W_R - W_D$$

となり，書き換えると

$$E_\text{in} + W_R = E_\text{out} + W_D \tag{4.3}$$

となる。

　速度 v，圧力 p は断面内において一定として，単位時間当りに検査面を通過する流体のエネルギーは，運動エネルギー（$mv^2/2$）と位置エネルギー（mgz）の和として表される。ここで，m は質量流速（kg/s），z は基準位置からの高さである。したがって，検査面①に入るエネルギー E_in と検査面②を出るエネルギー E_out は次式となる。

$$E_\text{in} = m\left(\frac{1}{2}v_1^2 + gz_1\right), \quad E_\text{out} = m\left(\frac{1}{2}v_2^2 + gz_2\right)$$

　一方，圧力による力は流体に仕事をする。単位時間当りの仕事は，$pAv = pQ$ であるから，検査面①で外部から流体が受ける仕事は $W_R = p_1Q$，検査面②で流体が外部になす仕事は $W_D = p_2Q$ となる。式（4.3）を書き換えると

$$m\left(\frac{1}{2}v_1^2 + gz_1\right) + p_1Q = m\left(\frac{1}{2}v_2^2 + gz_2\right) + p_2Q$$

となる。ここで，$m(=\rho Q)$ で両辺を割ると

$$\frac{v_1^2}{2} + gz_1 + \frac{p_1}{\rho} = \frac{v_2^2}{2} + gz_2 + \frac{p_2}{\rho} \tag{4.4}$$

となる。式（4.4）は単位質量当りの運動エネルギー，位置エネルギーおよび圧力による仕事の和が保存されることを示し，単位は J/kg である。検査面はまったく任意にとりうるから，どの断面においても

$$\frac{v^2}{2} + gz + \frac{p}{\rho} = \text{一定} \tag{4.5}$$

という関係が成り立つ。これは流体がもつエネルギーの保存を表す**ベルヌーイの定理**（Bernoulli's theorem）と呼ばれ，重要な定理である。式（4.5）を g で割ると長さの次元となり，式（4.6）のようになる。エネルギーを高さで示すことを**ヘッド**（head）と呼ぶ。

$$\frac{v^2}{2g}+z+\frac{p}{\rho g} = h_T \quad (一定) \tag{4.6}$$

式 (4.6) のそれぞれの項は**速度ヘッド** (velocity head), **位置ヘッド** (position head または potential head), **圧力ヘッド** (pressure head) と呼び, h_T は**全ヘッド** (total head) と呼ぶ.

4.2.2 オイラーの運動方程式からのベルヌーイの定理の誘導

ベルヌーイの定理は運動方程式からも導出される. いま, 水平方向に x 軸をとり, 鉛直上方に y 軸をとり, それぞれの速度成分を u, v とする. 定常流とすると式 (3.12) のオイラーの運動方程式は次式となる.

$$\begin{aligned} u\frac{\partial u}{\partial x}+v\frac{\partial u}{\partial y} &= -\frac{1}{\rho}\frac{\partial p}{\partial x} \\ u\frac{\partial v}{\partial x}+v\frac{\partial v}{\partial y} &= -\frac{1}{\rho}\frac{\partial p}{\partial y}-g \end{aligned} \tag{4.7}$$

式 (4.7) を書き換えると下式のようになる.

$$\frac{\partial}{\partial x}\left\{\frac{u^2}{2}+\frac{v^2}{2}\right\}-v\frac{\partial v}{\partial x}+v\frac{\partial u}{\partial y}+\frac{1}{\rho}\frac{\partial p}{\partial x} = 0$$

$$\frac{\partial}{\partial y}\left\{\frac{u^2}{2}+\frac{v^2}{2}\right\}-u\frac{\partial u}{\partial y}+u\frac{\partial v}{\partial x}+\frac{1}{\rho}\frac{\partial p}{\partial y}+g = 0$$

上式第1式に $\mathrm{d}x$ を, 第2式に $\mathrm{d}y$ をそれぞれ掛けて加え, $q^2 = u^2+v^2$ を用いて整理すると

$$\mathrm{d}\left(\frac{q^2}{2}\right)+\mathrm{d}\left(\frac{p}{\rho}\right)+\mathrm{d}(gy)-\left(\frac{\partial v}{\partial x}-\frac{\partial u}{\partial y}\right)(v\mathrm{d}x-u\mathrm{d}y) = 0 \tag{4.8}$$

となる. 式 (4.8) の第4項は渦度〔式 (3.20)〕と流線〔式 (3.13)〕の積となっている. そこで, 渦なし流れ (渦度がゼロ) あるいは1本の流線に沿った変化を考えると, 第4項はゼロとなる. つまり

$$\mathrm{d}\left(\frac{q^2}{2}\right)+\mathrm{d}\left(\frac{p}{\rho}\right)+\mathrm{d}(gy) = 0$$

となる. これを積分すると

$$\frac{q^2}{2}+\frac{p}{\rho}+gy = 一定 \tag{4.9}$$

となり,式(4.5)と同様ベルヌーイの定理が成立する。つまり,ベルヌーイの定理は,渦なし流れでは任意の2点間で成立し,渦度をもつ流れでは同一流線上の2点間で成立することがわかる。この結果は3次元流れでも成立する。

4.3 ベルヌーイの定理の応用

ベルヌーイの定理は理想流体のエネルギー保存を示し,流体工学で最も重要な式の一つであり,さまざまな場面で応用されている。ここでは理想流体を考えているため基本的な例にとどめるが,粘性流体の場合は粘性によるエネルギー損失が起こる。その場合は損失を含めた拡張が必要となるが,7章で扱うことにする。

4.3.1 トリチェリの定理

図4.3のように,液体を満たした液槽の側壁の孔から流出する噴流の速度を考える。上の液面を検査面①とし断面積がA,孔出口直後を検査面②とし断面積aとする(ただし,$a/A \ll 1$)。この①,②に対し連続の式およびベルヌーイの定理を適用する。

$$\rho v_1 A = \rho v_2 a \tag{4.10}$$

$$\frac{1}{2}v_1^2 + gz_1 + \frac{p_1}{\rho} = \frac{1}{2}v_2^2 + gz_2 + \frac{p_2}{\rho} \tag{4.11}$$

ここで,式(4.10)より$a/A \ll 1$から液面の降下速度v_1はゼロとみなせる。また,p_1とp_2はともに大気圧に等しい。したがって,噴出速度v_2は

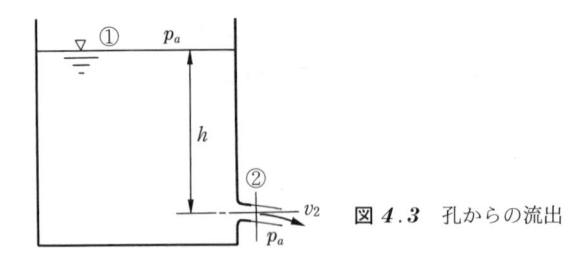

図4.3 孔からの流出

$$v_2 = \sqrt{2g(z_1-z_2)} = \sqrt{2gh} \qquad (4.12)$$

となる．ここに $h=z_1-z_2$ である．この結果は，質点が高さ h から自由落下したときの速度と等しいことを意味している．式 (4.12) は**トリチェリの定理** (Torricelli's theorem) と呼ばれる．

4.3.2 ピトー管

図 4.4 は，流速測定の最も基本的なピトー管 (Pitot tube) と呼ばれる装置である．ピトー管を流れに置いた場合，その先端では流れがせき止められ流速が 0 となる．この点を**よどみ点** (stagnation point) という．よどみ点を通る流線にベルヌーイの定理を適用する．ピトー管の影響がない点での速度，圧力をそれぞれ v, p とし，高さの差を無視すると

$$p + \frac{1}{2}\rho v^2 = p_0 \qquad (4.13)$$

となる．式 (4.13) はよどみ点の圧力 p_0 が $\rho v^2/2$ だけ増加することを示している．この圧力の増加分 $\rho v^2/2$ を**動圧** (dynamic pressure) といい，p を**静圧** (static pressure)，静圧と動圧の和を**総圧** (total pressure) と呼ぶ．したがって，総圧 p_0 と静圧 p の圧力差を測れば式 (4.13) から

$$v = \sqrt{\frac{2}{\rho}(p_0-p)} \qquad (4.14)$$

により流速 v がわかる．ピトー管は上流の静圧 p を測定するのではなく，側面にあけられた孔によって静圧 p_B を測る．p と p_B の一致が問題となるが，

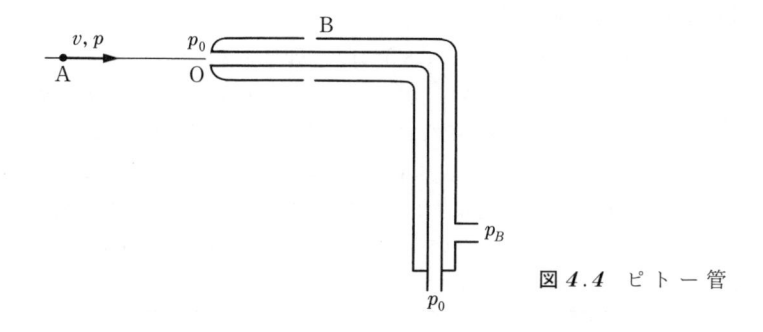

図 4.4 ピトー管

JIS 標準ピトー管は，形状や孔の位置を工夫して $p=p_B$ となるようにしている。

4.3.3 ベンチュリ管およびオリフィスによる流量測定

図 **4.5**（a）に示すように，管路の一部に滑らかな絞り管を挿入し断面積変化による圧力差をつくり，その圧力差を測定することにより平均速度または流量を求めるものを**ベンチュリ管**（Venturi tube）という。図の断面積の小さい部分を**スロート**（throat）と呼ぶ。

管は水平に置かれているとし，①，②間にベルヌーイの定理を適用すると

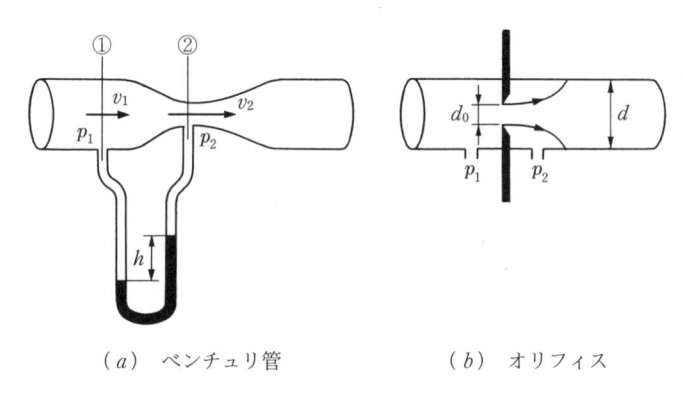

　　　　　　（a）ベンチュリ管　　　　　　（b）オリフィス

図 **4.5**　絞り流量計

コーヒーブレイク

オイラーとベルヌーイ

　スイス生まれのオイラー（1707〜1783）は，ベルヌーイの伯父の弟子であったことからベルヌーイ（1700〜1782）と知り合い，親友となった。二人とも数学者で，オイラーはニュートン力学の数学的発展に貢献し，完全流体の運動方程式や剛体の運動方程式を導出している。ベルヌーイはオランダの有名な学者一族の出身であり，流体運動の法則を普遍的なものにするため努力した。また，流体力学を意味する"hydrodynamica"というラテン語をつくり出したのもベルヌーイである。二人ともに流体力学において名を残した。

$$\frac{1}{2}v_1{}^2 + \frac{p_1}{\rho} = \frac{1}{2}v_2{}^2 + \frac{p_2}{\rho}$$

と表される。圧力差は

$$p_1 - p_2 = \frac{\rho}{2}(v_2{}^2 - v_1{}^2) \tag{4.15}$$

となる。ここで，連続の式 $v_1 A_1 = v_2 A_2$ を用いて，流速 v_2 を求める。

$$v_2 = \frac{A_1}{\sqrt{A_1{}^2 - A_2{}^2}}\sqrt{\frac{2}{\rho}(p_1 - p_2)} \tag{4.16}$$

また，流量 Q は

$$Q = v_2 A_2 = c \frac{A_1 A_2}{\sqrt{A_1{}^2 - A_2{}^2}}\sqrt{\frac{2}{\rho}(p_1 - p_2)} \tag{4.17}$$

となり，圧力差から求めることができる。ここで，c は補正係数である。理想流体と仮定し摩擦損失を無視したが，実際の流体では損失が生じる。補正係数はそのための修正である。ベンチュリの場合，c は1に近い値である。

つぎに図 (b) に示すオリフィスについて考える。管路の途中に孔径 d_0 のオリフィス板を挟み，オリフィス前後の圧力を測定して流量を測る装置である。このとき，ベンチュリに対する式 (4.17) はそのまま成立する。しかし，補正係数 c は，オリフィスの開口比（管断面積に対する孔断面積の比）と流体の流れ方（レイノルズ数 Re）に依存し，1より小さい値となる。

4.4 運動量保存則の適用

質点の力学における質量 m と速度 v との積 mv を**運動量**（momentum）と呼ぶ。ニュートンの運動の第二法則から，この運動量の単位時間に変化する割合は，その系の外部から働く力（外力）の総和 F に等しく，次式 (4.18) で表される。

$$F = \frac{\mathrm{d}}{\mathrm{d}t}(mv) \tag{4.18}$$

流体の場合は連続体と考えるが，この法則は流体の運動においても適用できる。

流体の定常流れを考え，図 **4.6** に示す流管の一部分を切り取った①〜②の閉曲面に運動量の法則を適用する。流管の側面は流線群をなし，流体は①の断面から流管へ流入し，②の断面から流出するものとする。最初，時刻 t に①〜②を満たしていた流体は，時刻 $t+\mathrm{d}t$ には①'〜②' に移動するものとする。したがって，この間流管の①'〜②を満たしていた流体部分は共通であり，$\mathrm{d}t$ 間には①〜①' の流体部分が消失し，②〜②' の流体部分が流管に加わることになる。時間 $\mathrm{d}t$ に消失する単位時間当りの質量は①〜①' の流体部分の $\rho A_1 V_1 = \rho Q_1$ であり，加わる単位時間当りの質量は②〜②' の流体部分の $\rho A_2 V_2 = \rho Q_2$ となる。これらは連続の式によって，質量流速 $m = \rho Q_1 = \rho Q_2 = \rho Q$ に等しい。

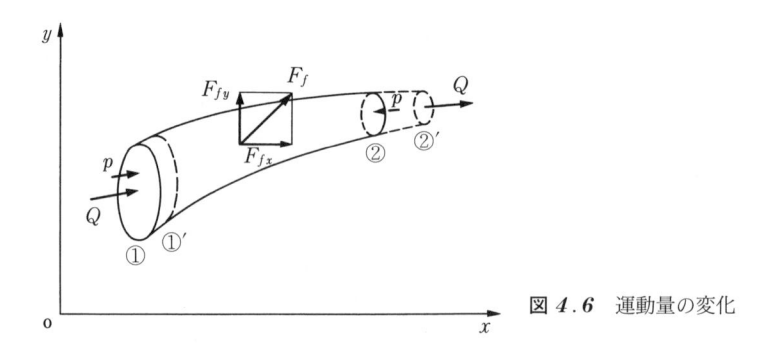

図 4.6 運動量の変化

①の消失する運動量は $mV_1 = \rho Q V_1$ であり，②で加わる運動量は $mV_2 = \rho Q V_2$ となる。したがって，$\mathrm{d}t$ 時間当りの運動量の変化は $m(V_2 - V_1) = \rho Q (V_2 - V_1)$ で与えられ，この値は流管に外部から働く力の総和 F に等しく

$$m(V_2 - V_1) = \rho Q (V_2 - V_1) = F \tag{4.19}$$

となる。

式 (4.19) を**運動量の法則** (law of momentum) と呼ぶ。式 (4.19) の値が正，すなわち運動量が増加している場合，この流体部分にそれと等しいだけの外力が働き，逆に負であれば，運動量が減少して流体が外部に，例えば流れのなかに置かれた物体や管の壁に，力を加えたことになる。

流体が定常流れの場合，空間的に固定された検査面を通って輸送される運動

量が計算できる.運動量の法則によれば,この検査面を通って外側に輸送される単位時間当りの運動量変化は,検査領域の流体部分に働く力の総和に等しい.流体部分に働く力 F は,式 (4.20) に示されるような諸力の総和である.

$$F = F_k + F_p + (-F_f) + F_\tau \tag{4.20}$$

ここで,F_k は重力のような流体質量に働く力(体積力),F_p は検査面上に作用する圧力による力(検査面外の流体部分からの圧力による力で,固体壁上の圧力 p による力は F_p から除外される),$-F_f$ は検査面内を通過する流体が物体から受ける力(流体に働く力を正としている.ここで,$-F_f$ としたのは運動量理論を適用して,流体から管壁や物体が受ける力 F_f を求めることが多いためである),F_τ は検査面上に働く粘性力である.

流体が理想流体であると仮定すれば,$F_\tau = 0$ となり,また重力の影響は静圧とつりあうため,圧力を静圧からの差とすると $F_k = 0$ となる.結局,運動量の法則は,式 (4.19) および式 (4.20) から式 (4.21) が得られる.

$$\rho Q(V_2 - V_1) = F_p + (-F_f) \tag{4.21}$$

この式 (4.21) は,後で述べる管内の流れにおいて,管壁に働く流体の力や流れのなかに置かれた物体に働く力を求める場合などに用いられる.

運動量の法則の特長はつぎの点にある.先に述べたベルヌーイの定理と連続の式を用いれば,流体の1次元的流れにおける圧力や速度変化を求めることができる.求めた圧力分布を壁面に沿って積分すれば,その壁面に働く力を求めることが可能となる.しかし,現象の複雑さのためにこの手法が使えない場合も多い.運動量の法則は,検査面内の流れの状態が不明であっても,検査面上の流れの状態さえ判明すれば,流体が物体に及ぼす力を求めることができるという便利な方法である.しかもこの法則は流体の粘性や圧縮性などを考慮した場合にも適用できる応用範囲の広いものである.4.5 節に運動量の法則の有用性を示すためのいくつかの例を紹介する.

4.5 運動量の法則の応用

4.5.1 管路壁に及ぼす流体力と管路損失

〔**1**〕 **曲管壁に及ぼす流体力** 図 4.7 のように，水平面 xy 内に置かれた同一断面積 A の曲管に及ぼす流体の力 F_f を考える。このとき，連続の式から流量 $Q=vA$ はどこでも同じである。検査面を断面①と②および管壁に沿ってとる。断面①における圧力を p_1 とし，断面②の圧力を p_2 とする。まず，検査面から流出する運動量と流入する運動量の変化は

$$x \text{方向成分}: \rho A v^2 - 0 \qquad y \text{方向成分}: 0 - \rho A v^2 \qquad (4.22)$$

となる。一方，流体を理想流体とみなせば，検査面内に包まれる流体部分に働く力の総和は圧力と流体の力の二つとなるから，運動量の法則から x，y 方向について，それぞれつぎのようになる。

$$\rho A v^2 = -p_2 A - F_{fx}$$
$$-\rho A v^2 = p_1 A - F_{fy} \qquad (4.23)$$

流体が管壁に及ぼす力の x，y 方向成分 F_{fx}，F_{fy} は

$$F_{fx} = -p_2 A - \rho A v^2$$
$$F_{fy} = p_1 A + \rho A v^2 \qquad (4.24)$$

となる。したがって，管は左に押され，上にもち上げられる。また，管壁に作用する合力 F_f および作用する方向 θ は式 (4.25) から得られる。

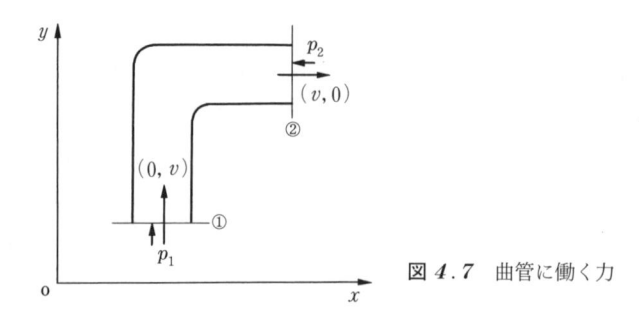

図 4.7 曲管に働く力

$$F_f = \sqrt{F_{fx}^2 + F_{fy}^2}, \quad \theta = \tan^{-1}\frac{F_{fy}}{F_{fx}} \tag{4.25}$$

〔2〕 **急拡大管の損失**　図 4.8 に示すような管路の断面積が急に増大する広がり流れは，渦の発生や流体混合によりエネルギー損失を生ずる。この損失を広がり損失と呼び，運動量の法則を適用することにより理論的に求められる。図 4.8 の断面①と②の間にベルヌーイの定理を適用すれば

$$\frac{p_1}{\rho} + \frac{v_1^2}{2} = \frac{p_2}{\rho} + \frac{v_2^2}{2} + e_{\text{loss}} \tag{4.26}$$

となる。ここで，e_{loss} は急拡大管によるエネルギー損失を示し，式 (4.26) より

$$e_{\text{loss}} = \frac{p_1 - p_2}{\rho} + \frac{v_1^2 - v_2^2}{2} \tag{4.27}$$

となる。つぎに断面①，②および管壁を検査面として，運動量の法則を適用すれば

$$\rho Q(v_2 - v_1) = p_1 A_1 + p'(A_2 - A_1) - p_2 A_2 \tag{4.28}$$

が得られる。ただし，A_1，A_2 は断面①，②の断面積であり，連続の式から $Q = v_1 A_1 = v_2 A_2$ である。また，p' は横断面の急拡大部の圧力であるが，実験結果から $p' = p_1$ である。結局，$p' = p_1$ として，式 (4.28) に代入して整理すると

$$\frac{p_1 - p_2}{\rho} = v_2(v_2 - v_1) \tag{4.29}$$

となる。この結果を式 (4.27) に代入すると式 (4.30) を得る。

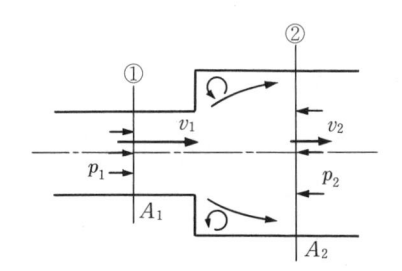

図 4.8　急拡大管

$$e_{\text{loss}} = \frac{(v_1 - v_2)^2}{2} \tag{4.30}$$

式 (4.30) は，連続の式を用いて，損失ヘッド h として整理すると式 (4.31) を得る．

$$h = \zeta \frac{v_1^2}{2g}, \quad \zeta = \left(1 - \frac{A_1}{A_2}\right)^2 \tag{4.31}$$

ここで，ζ は損失係数である．

4.5.2 物体に及ぼす噴流の力

噴流が平板や曲面板に衝突する場合を考える．説明を簡単にするため，流れは定常流れかつ理想流体とする．また，噴流は大気中に放出され，噴流内外の圧力は大気圧に等しいものとする．したがって，外力 F は流体の力 F_f のみとなる．

〔**1**〕 **静止平板に働く噴流の力**　　図 4.9 (a) に示す静止した平板上に**噴流** (jet) が垂直に衝突する場合の力について考える．この場合，噴流の直径に比べて，平板は十分大きいものとする．

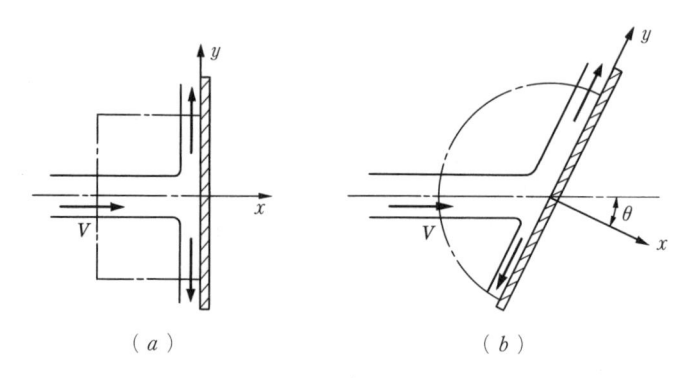

図 4.9　噴流の衝突

検査面に流入する流体は速度 V で流入し，平板に衝突し板に沿って垂直方向に流れる．したがって，運動量の変化は

$$\rho Q(0 - V) = -\rho Q V \tag{4.32}$$

4.5 運動量の法則の応用　63

となる。式（4.21）より平板に作用する噴流の力は，式（4.33）となる。

$$F_f = \rho QV = \rho AV^2 \tag{4.33}$$

また，y 方向の力は対称性からゼロである。

つぎに，図 **4.9**（b）に示す θ だけ傾斜した平板に噴流が衝突する場合の力を考える。粘性を無視すると，この場合も平板に働く力は，平板に垂直方向の力のみとなる。検査面に流入する速度の平板に垂直な方向の成分は $V\cos\theta$ であり，その方向における流出速度はゼロであるから，運動量変化は

$$\rho Q(0 - V\cos\theta) = -\rho QV\cos\theta \tag{4.34}$$

となる。したがって，平板に垂直方向の噴流の力は，式（4.35）となる。

$$F_f = \rho QV\cos\theta = \rho AV^2\cos\theta \tag{4.35}$$

〔2〕**静止曲面に働く噴流の力**　図 **4.10** に示すように，噴流は断面積 A のノズルから速度 V で x 方向に噴出し，静止曲面板に沿って水平面から角度 θ だけ傾斜して流出する。曲面板を囲むように検査面をとれば，流量 $Q = AV$ は一定であり，流入および流出する際，速度の x，y 成分はそれぞれ

$$\begin{cases} u_1 = V, & v_1 = 0 \\ u_2 = V\cos\theta, & v_2 = V\sin\theta \end{cases} \tag{4.36}$$

であるから，運動量の変化の x，y 方向成分はそれぞれ

$$\rho QV(\cos\theta - 1), \quad \rho QV\sin\theta \tag{4.37}$$

となる。したがって，噴流が曲面板に及ぼす x，y 方向成分の力は式（4.38）となる。

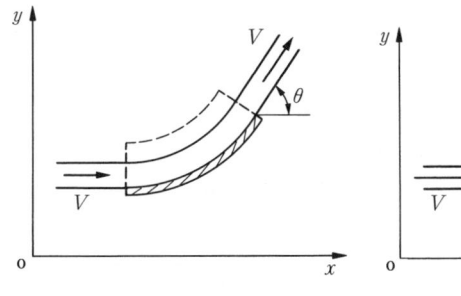

図 **4.10** 静止曲面に働く噴流の力 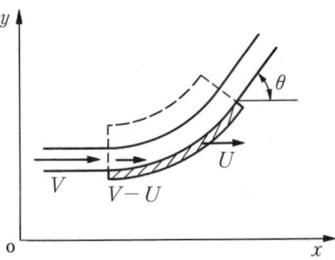　　図 **4.11** 運動曲面に働く噴流の力

$$F_{fx} = \rho QV(1-\cos\theta) = \rho AV^2(1-\cos\theta)$$
$$F_{fy} = -\rho QV\sin\theta = -\rho AV^2\sin\theta \tag{4.38}$$

〔3〕 **運動曲面に働く噴流の力**　図 *4.11* に示す曲面板が x 方向に一定の速度 U で移動している場合，この運動曲面に働く噴流の力を考える。検査面を運動曲面に固定して考えると，検査面に流入する速度は相対速度となり，$u_1 = V-U$ となる。したがって，流入する流量は $Q=Au_1=A(V-U)$ となり，流出する速度は $u_2=(V-U)\cos\theta$，$v_2=(V-U)\sin\theta$ となる。結局，運動曲面に作用する噴流の力は，式 (4.38) に示した静止曲面の場合の V を $(V-U)$ に置き換えることにより得られる。

$$F_{fx} = \rho A(V-U)^2(1-\cos\theta)$$
$$F_{fy} = -\rho A(V-U)^2\sin\theta \tag{4.39}$$

式 (4.39) から，運動曲面に働く噴流の力は，$V>U$ の場合にのみ作用し，$V=U$ の場合にはゼロ，そして $V<U$ の場合には噴流が曲面に追い付けないから式 (4.39) は無意味となる。また，曲面板の傾斜角 θ が180°の場合，運動曲面に働く噴流の力は

$$F_{fx} = 2\rho A(V-U)^2$$
$$F_{fy} = 0 \tag{4.40}$$

となり，働く力は最大となる。

〔4〕 **ペルトン水車の受ける力**　図 *4.12* に示すような水車をペルトン水車という。ペルトン水車は噴流の衝突による衝撃作用を利用した水車であ

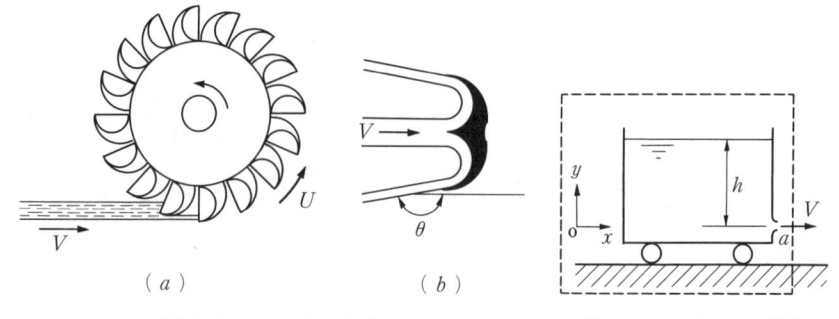

図 *4.12*　ペルトン水車

図 *4.13*　ジェット推進

り，発電用の水車として利用される。円板の外周に多数の曲面板（バケット）を取り付け噴流により回転する。したがって，噴流はすべてどれかのバケットに衝突することから，流入流量は $Q=AV$ となる。結局，x，y 方向成分の運動量の変化は，式（4.39）に流量分の変更を考慮して

$$F_{fx} = \rho AV(V-U)(1-\cos\theta)$$
$$F_{fy} = -\rho AV(V-U)\sin\theta \tag{4.41}$$

を得る。

〔5〕 **ジェット推進**　容器から流体が吹き出すと，その噴流の方向とは逆方向の力が容器に働く。この力がジェット推進の原理である。いま，**図 4.13** のように検査面内の側面に断面積 a の小孔をもつ大きな容器があり，この小孔から流速 V の噴流が流出している。容器の断面積が十分に大きいとすれば，小孔から液面までの高さ h は一定とみなせる。結局，容器に及ぼす噴流の力は x 方向のみに作用し

$$F_{fx} = -\rho QV = -\rho aV^2 \tag{4.42}$$

となる。トリチェリの定理から，小孔からの噴流の速度は $V=\sqrt{2gh}$ で表され

$$F_{fx} = -2a\rho gh \tag{4.43}$$

と $-x$ 方向に力が働く。この噴流の力の大きさは，小孔をふさいだときに小孔に作用する圧力による力 $a\rho gh$ の 2 倍である。

4.6　角運動量の法則

水車やポンプの回転羽根内を流体が流れる場合を考える。質点力学において質量 m の質点が半径 r，速度 v の回転運動する場合の運動量のモーメント $\bm{r}\times(m\bm{v})=m(\bm{r}\times\bm{v})$ を**角運動量**（angular momentum）という。角運動量の時間的に変化する割合は，その系に働く力の定点周りのモーメント M に等しく

$$\frac{\mathrm{d}}{\mathrm{d}t}m(\bm{r}\times\bm{v}) = m\frac{\mathrm{d}}{\mathrm{d}t}(\bm{r}\times\bm{v}) = \bm{M} \tag{4.44}$$

となる。これを**角運動量の法則**（law of angular momentum）という。この関係を流体の運動に適用することを考える。

簡単のため定常流れとして，図 4.14 に示すような検査面①，②によって取り囲まれた曲管部分を考える。流体は①の面積 A_1 を通って検査領域に流入し，②の面積 A_2 を通って流出するとし，微小時間 dt に検査領域の流体に生ずる角運動量の変化を調べる。まず，面 A_1 に垂直な速度成分を v_1，密度 ρ とすれば，検査面内に流入する流体の質量は

$$\rho v_1 A_1 dt = \rho Q dt \tag{4.45}$$

である。この流体がもっている定点 o の周りの角運動量は，検査面①の半径方向に垂直な運動量成分（$\rho Q v_1 \cos \alpha_1$）と半径 r_1 の積であるから

$$\rho Q r_1 v_1 \cos \alpha_1 dt \tag{4.46}$$

となる。同様に，②を通って検査面から流出する流体の定点 o に関する角運動量は

$$\rho Q r_2 v_2 \cos \alpha_2 dt \tag{4.47}$$

である。したがって，検査面内の流体部分において，式 (4.47) から式 (4.46) の角運動量の差が角運動量の時間 dt における増加となり，式 (4.44) の角運動量の法則は式 (4.48) となる。

$$M = \rho Q (r_2 v_2 \cos \alpha_2 - r_1 v_1 \cos \alpha_1) \tag{4.48}$$

つぎにモーメント M を考える。検査面外からの力は，①と②に作用する圧力によるモーメントと流体が管壁に及ぼす力によるモーメント（トルク）であ

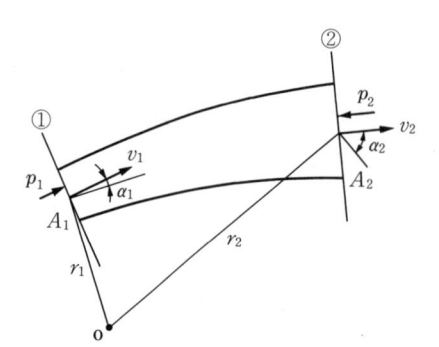

図 4.14　定点 o 周りの角運動量

る。点 o の周りのトルクを T とすると，角運動量の法則式 (4.48) より

$$T + A_2 p_2 r_2 \cos \alpha_2 - A_1 p_1 r_1 \cos \alpha_1 = \rho Q (r_2 v_2 \cos \alpha_2 - r_1 v_1 \cos \alpha_1) \tag{4.49}$$

となる。ただし，流体の回転方向は反時計周りを正とする。

式 (4.49) を適用して水車やポンプの回転羽根車内を流体が流れるとき，その軸に作用するトルクを求めることができる。図 **4.15** の水車の回転により，流体は翼に沿って流れるとし，半径 r_1，r_2 における羽根車の内周と外周それぞれの周速を u_1，u_2，絶対速度を v_1，v_2，これが周速となす角を α_1，α_2 とする。軸対称の場合には圧力によるモーメントは考える必要がなく，式 (4.49) の左辺第 2 項，第 3 項は 0 となり，トルク T は

$$T = \rho Q (r_2 v_2 \cos \alpha_2 - r_1 v_1 \cos \alpha_1) \tag{4.50}$$

となる。結局，羽根車の入口と出口の速度の状態から羽根車の軸に与えるトルクを求めることができる。軸に与える動力 L は，羽根車の角速度を ω とすれば，式 (4.51) により与えられる。

$$L = T\omega \tag{4.51}$$

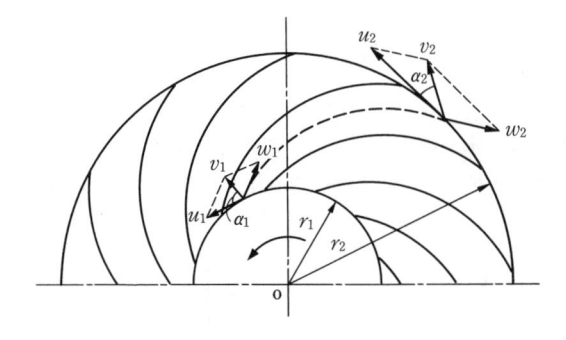

図 **4.15** 回転羽根車内の流体の流れ

ポイント

(1) 管内流の質量保存則は，連続の式 $m = \rho v A = $ 一定として与えられる。

(2) ベルヌーイの式は流れのエネルギー保存則を示すもので，理想流体に

対して同一流線上または渦なし流れのときに成立し，次式で与えられる。

$$\frac{v^2}{2}+gz+\frac{p}{\rho} = 一定 \ [\text{J/kg}]$$

ベルヌーイの定理は，流体工学で最も重要な式の一つである。

（3） 検査面より流出する流体の運動量から検査面内に流入する流体の運動量を差し引いたものが，この検査面内の流体に作用する外力に等しい（運動量の法則）。この法則から，流体が管壁に及ぼす力や噴流が平板および曲面に及ぼす力など求めることができる。

（4） 検査面より流出する流体の角運動量から検査面に流入する流体の角運動量を差し引いたものが，この検査面内の流体に作用する外力のモーメントに等しい。これから，ポンプやタービンなどの回転軸のトルクが決定できる。

演 習 問 題

【1】 図 **4.1** に示す管路を水が流れている。流量 $Q=1\,200\,\text{cm}^3/\text{s}$ であるとき流速 v_1, v_2 を求めよ。ただし，管径は $d_1=40\,\text{mm}$, $d_2=80\,\text{mm}$ とする。

【2】 問図 **4.1** に示すように水深 $H=2\,\text{m}$ の大きな水槽に長さ $h=5\,\text{m}$, 内径 $10\,\text{cm}$ の円管を付け，水を流出している。このときの流速 v, 流量 Q と水槽および管内の圧力分布を求めよ。水は理想流体として，水槽内の速度は無視する。

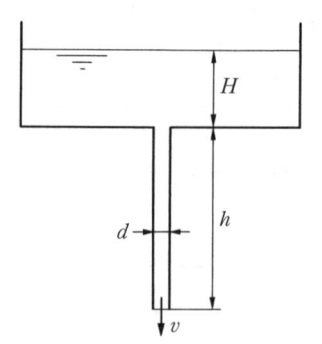

問図 **4.1**

演習問題　69

【3】 図 4.3 に示す水が入っているタンク側壁に小孔が二つあり，水が水平方向に流出している．いま，タンクの水深を H とし，小孔の一つは水面から h だけ下がったところに，他の小孔は底から h の高さのところにある．このとき，二つの孔からの噴流は，タンク底面と同一水平面で交差することを示せ．

【4】 空気流の速度を求めるため流れ場にピトー管を挿入し，圧力差 Δp を U 字管マノメータで測定したところ液柱差は 80 mm であった．このときの風速を求めよ．ただし，空気の密度は $1.205\,\mathrm{kg/m^3}$，マノメータ封液の密度は $789\,\mathrm{kg/m^3}$ とする．

【5】 ベンチュリ計（スロート部内径 $d_2=40\,\mathrm{mm}$）を水が流れる管路（内径 $d_1=100\,\mathrm{mm}$）に取り付け，流量を測定する．圧力差が水銀マノメータから $h=80\,\mathrm{mm}$ であったときの流量を求めよ．ただし，水銀の密度は $13.55\,\mathrm{g/cm^3}$ とする．

【6】 十分に広い斜め板（$\theta=30°$）に密度 $\rho=1\,200\,\mathrm{kg/m^3}$，速度 $V=4\,\mathrm{m/s}$，厚さ $b=5\,\mathrm{cm}$ の 2 次元噴流（jet）が衝突している．このとき板に垂直に x 軸，板に平行に y 軸をとる．板に働く力 F_x を求めよ．また，板に沿って流れる噴流の厚さ b_1, b_2 も求めよ．ただし，摩擦は無視できるものとする．

【7】 問図 4.2 に示す 45° の曲管が水平に設置され，$1\,\mathrm{m^3/s}$ の水が流れている．断面①（直径 $d_1=50\,\mathrm{cm}$）での圧力は 200 kPa であるとき，断面②（直径 $d_2=30\,\mathrm{cm}$）の圧力を求めよ．また，曲管に及ぼす水の力はどれくらいか求めよ．ただし，摩擦損失は無視する．

【8】 直径 50 mm，速度 27.5 m/s の水の噴流が問図 4.3 のように曲面板に沿って

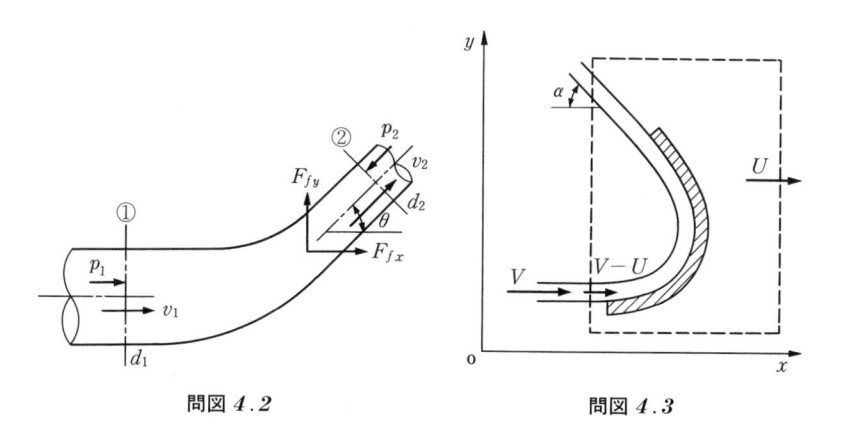

問図 4.2

問図 4.3

流入し,入射方向から135°方向を変えて流出するとき,曲面板に与える力および力の方向を求めよ。曲面板は固定されているとする。ただし,曲面板に沿っての摩擦損失は無視する。

【9】 前問【8】で,曲面板が速度 $U=5\,\mathrm{m/s}$ で運動している場合の曲面板に及ぼす力の各成分およびその方向を求めよ。

【10】 問図 4.4 の散水器 ($\theta=60°$) において,開口面積 $0.4\,\mathrm{cm}^2$ の各ノズルより流量 $200\,\mathrm{cm}^3/\mathrm{s}$ の水が噴出しているとき,定常状態における腕の回転数を求めよ。また,散水器を回転しないように止めておくために必要なモーメントを求めよ。ただし,$l=0.2\,\mathrm{m}$ とし,摩擦は無視する。

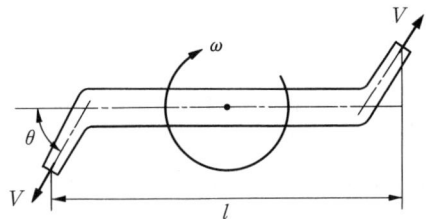

問図 4.4

5

粘性流体の運動の基礎式

　空気や水は，きわめてさらさらした流体で粘性係数は小さいが，たとえわずかな粘性係数であっても，物体近くの流体運動には重要な役目を担っている。この章は非圧縮粘性流体の運動を考える。おもな目的は，粘性流体に対する運動方程式（ナビエ・ストークス方程式）を導出することにある。この式は，われわれを取りまく身近な現実的流れの解を与えるきわめて重要な式である。

5.1 応　　　力

　流体は，変形しながら運動する。運動する流体の微小要素の各面には，圧力や粘性によるせん断応力が働く。面に働く力（応力）を考えるとき，面と力の関係を明確にする必要がある。面は表と裏があるように方向をもっており，力と同様ベクトル量である。

　そこで，いま微小流体要素のある面を考えるとき，面に外向きに法線をとりこれを面の方向とする。この面に働く力は3方向であるから，1個の面の応力は3個の成分をもつ。各成分を表すのに $\tau_{\alpha\beta}$ とし，最初の添字 α は考える面の方向を，2番目の添字 β は力の成分方向を示すものとする。ここで，面に垂直方向に作用する応力を**法線応力**（normal stress）σ とし，面に平行に作用する**せん断応力**（shear stress）τ とに分けて書くことにする。

　図 5.1 に示すように，微小立方体における面の方向は x, y, z の3方向があり，それぞれの面に3成分の力が働くことから，流体中の一点における応力は9個の成分をもち

72   5. 粘性流体の運動の基礎式

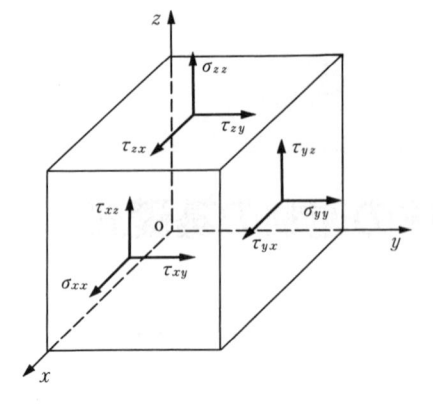

図5.1 応　　力

$$\sigma = \begin{bmatrix} \sigma_{xx} & \tau_{yx} & \tau_{zx} \\ \tau_{xy} & \sigma_{yy} & \tau_{zy} \\ \tau_{xz} & \tau_{yz} & \sigma_{zz} \end{bmatrix} \qquad (5.1)$$

と表すことができる。これを**応力テンソル**（stress tensor）と呼ぶ。

応力テンソルは，非対角成分が相等しい対称テンソルである。すなわち

$$\tau_{xy} = \tau_{yx}, \quad \tau_{xz} = \tau_{zx}, \quad \tau_{yz} = \tau_{zy} \qquad (5.2)$$

となる。このことは，微小立方体を考え，一点を中心に働く回転モーメントのつりあい条件から得られる。

5.2 応力と変形速度の関係

流体中の応力は，流体の相対運動の結果として生じる。したがって，応力テンソルは速度と関連づけられる。

最も簡単な2平板間の直線速度分布をもつクエット流れ（x 方向の速度 $u=u(y)$：**図1.1**）から，ニュートンの粘性法則（$\tau_{yx}=\mu du/dy$）を説明した。τ_{yx} は $(\partial u/\partial y)$ だけを含み，また，**図1.1** の x 軸と y 軸を交換した流れでは，τ_{xy} は同様に $(\partial v/\partial x)$ だけを含む。このことと対称性 $\tau_{xy}=\tau_{yx}$ を考慮すると

$$\tau_{xy} = \tau_{yx} = \mu\left(\frac{\partial u}{\partial y}+\frac{\partial v}{\partial x}\right) \qquad (5.3\text{ a})$$

となるだろう。同様に τ_{yz}, τ_{zx} は式（5.3 b）のように表される。

$$\tau_{yz} = \tau_{zy} = \mu\left(\frac{\partial w}{\partial y} + \frac{\partial v}{\partial z}\right)$$

$$\tau_{zx} = \tau_{xz} = \mu\left(\frac{\partial u}{\partial z} + \frac{\partial w}{\partial x}\right)$$
(5.3 b)

一方，法線応力は圧力（$-p$：面を押す力で，面の方向と逆方向に働くため負号が付く）を加えて

$$\sigma_{xx} = -p + 2\mu\frac{\partial u}{\partial x}$$

$$\sigma_{yy} = -p + 2\mu\frac{\partial v}{\partial y}$$
(5.4)

$$\sigma_{zz} = -p + 2\mu\frac{\partial w}{\partial z}$$

となる。応力は 3 章で説明した流体変形の伸び縮みおよびずり変形と比例関係にあり，相対運動のない回転（渦度）には無関係である。

5.3 ナビエ・ストークス方程式

粘性によって生じる応力を運動方程式に組み入れることを考える。3 章で述べた，非粘性流体に対するオイラーの運動方程式の圧力項に粘性応力項を加える。

簡単のため，図 5.2 に示す 2 次元流れ場〔直角座標系 (x, y)，速度 (u, v)〕を考え，まず，x 方向の力を考える。x 面には $-\sigma_{xx}\mathrm{d}y$，$(x+\mathrm{d}x)$ 面には $\{\sigma_{xx} + (\partial\sigma_{xx}/\partial x)\,\mathrm{d}x\}\mathrm{d}y$ の法線力が働き，差し引き $(\partial\sigma_{xx}/\partial x)\mathrm{d}x\mathrm{d}y$ の力が作用する。つぎに，y 面に働く x 軸方向の力は $-\tau_{yx}\mathrm{d}x$，$(y+\mathrm{d}y)$ 面には $\{\tau_{yx} + (\partial\tau_{yx}/\partial y)\,\mathrm{d}y\}\mathrm{d}x$ のせん断力が働き，その差は $(\partial\tau_{yx}/\partial y)\mathrm{d}x\mathrm{d}y$ である。したがって，x 方向の力は

$$\left(\frac{\partial\sigma_{xx}}{\partial x} + \frac{\partial\tau_{yx}}{\partial y}\right)\mathrm{d}x\mathrm{d}y$$
(5.5)

となる。式（5.3）と式（5.4）を式（5.5）に代入し，連続の式（$\partial u/\partial x+$

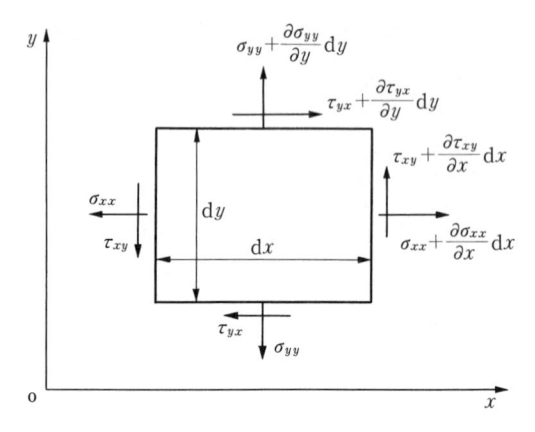

図 *5.2* 2次元微小要素の応力

$\partial v/\partial y=0$) を用いて整理すると

$$\left\{-\frac{\partial p}{\partial x}+\mu\left(\frac{\partial^2 u}{\partial x^2}+\frac{\partial^2 u}{\partial y^2}\right)\right\}\mathrm{d}x\mathrm{d}y \tag{5.6}$$

を得る。y 方向についても同様に導出できる。

$$\left(\frac{\partial \sigma_{yy}}{\partial y}+\frac{\partial \tau_{xy}}{\partial x}\right)\mathrm{d}x\mathrm{d}y = \left\{-\frac{\partial p}{\partial y}+\mu\left(\frac{\partial^2 v}{\partial x^2}+\frac{\partial^2 v}{\partial y^2}\right)\right\}\mathrm{d}x\mathrm{d}y$$

これらの式を式(*3.11*)の圧力項と置き換え，質量 $\rho\mathrm{d}x\mathrm{d}y$ で割れば，非圧縮粘性流体の運動方程式(*5.7*)が得られる。

$$\begin{aligned}\frac{\partial u}{\partial t}+u\frac{\partial u}{\partial x}+v\frac{\partial u}{\partial y} &= -\frac{1}{\rho}\frac{\partial p}{\partial x}+\nu\left(\frac{\partial^2 u}{\partial x^2}+\frac{\partial^2 u}{\partial y^2}\right)+f_x \\ \frac{\partial v}{\partial t}+u\frac{\partial v}{\partial x}+v\frac{\partial v}{\partial y} &= -\frac{1}{\rho}\frac{\partial p}{\partial y}+\nu\left(\frac{\partial^2 v}{\partial x^2}+\frac{\partial^2 v}{\partial y^2}\right)+f_y\end{aligned} \tag{5.7}$$

式(*5.7*)は，2次元の**ナビエ・ストークスの方程式**(Navier–Stokes equations)と呼ばれるきわめて重要な式である。

一般の3次元流れの場合，圧力と速度の4個の未知数に対して，以下の連続の式およびナビエ・ストークス方程式を連立させて解くことになる。

$$\frac{\partial u}{\partial x}+\frac{\partial v}{\partial y}+\frac{\partial w}{\partial z}=0 \tag{5.8}$$

$$\frac{\partial u}{\partial t}+u\frac{\partial u}{\partial x}+v\frac{\partial u}{\partial y}+w\frac{\partial u}{\partial z}=-\frac{1}{\rho}\frac{\partial p}{\partial x}+\nu\nabla^2 u+f_x$$

$$\frac{\partial v}{\partial t}+u\frac{\partial v}{\partial x}+v\frac{\partial v}{\partial y}+w\frac{\partial v}{\partial z} = -\frac{1}{\rho}\frac{\partial p}{\partial y}+\nu\nabla^2 v+f_y \tag{5.9}$$

$$\frac{\partial w}{\partial t}+u\frac{\partial w}{\partial x}+v\frac{\partial w}{\partial y}+w\frac{\partial w}{\partial z} = -\frac{1}{\rho}\frac{\partial p}{\partial z}+\nu\nabla^2 w+f_z$$

ここに

$$\nabla^2 = \frac{\partial^2}{\partial x^2}+\frac{\partial^2}{\partial y^2}+\frac{\partial^2}{\partial z^2}$$

である.工学においては,しばしば管内の流れを扱うことが多い.その場合,現象に即した座標系を選択して基礎方程式を表現したほうが,解析が簡単になる.参考のため,軸方向を z とした円柱座標系 (z, r, θ),速度 (u, v, w) としたときの連続の式とナビエ・ストークス方程式をつぎに示しておく.

$$\frac{\partial u}{\partial z}+\frac{1}{r}\frac{\partial(rv)}{\partial r}+\frac{1}{r}\frac{\partial w}{\partial \theta} = 0 \tag{5.10}$$

$$\frac{\partial u}{\partial t}+u\frac{\partial u}{\partial z}+v\frac{\partial u}{\partial r}+\frac{w}{r}\frac{\partial u}{\partial \theta}$$

$$= -\frac{1}{\rho}\frac{\partial p}{\partial z}+\nu\left\{\frac{\partial^2 u}{\partial z^2}+\frac{1}{r}\frac{\partial}{\partial r}\left(r\frac{\partial u}{\partial r}\right)+\frac{1}{r^2}\frac{\partial^2 u}{\partial \theta^2}\right\}+f_z$$

$$\frac{\partial v}{\partial t}+u\frac{\partial v}{\partial z}+v\frac{\partial v}{\partial r}+\frac{w}{r}\frac{\partial v}{\partial \theta}-\frac{w^2}{r} \tag{5.11}$$

$$= -\frac{1}{\rho}\frac{\partial p}{\partial r}+\nu\left[\frac{\partial^2 v}{\partial z^2}+\frac{\partial}{\partial r}\left\{\frac{1}{r}\frac{\partial}{\partial r}(rv)\right\}+\frac{1}{r^2}\frac{\partial^2 v}{\partial \theta^2}-\frac{2}{r^2}\frac{\partial w}{\partial \theta}\right]+f_r$$

$$\frac{\partial w}{\partial t}+u\frac{\partial w}{\partial z}+v\frac{\partial w}{\partial r}+\frac{w}{r}\frac{\partial w}{\partial \theta}+\frac{vw}{r}$$

コーヒーブレイク

ナビエとストークス

　ナビエは,フランスの土木橋梁技術者であった.彼はせっかく建設した自慢の橋が洪水のために流出してしまった.このことがあって彼は粘性を考慮した流体の力学を研究し,論文を発表した (1823).しかし,残念ながらこの論文は世に知られることがなく,イギリスのストークス (1845) がナビエとは独立に粘性流体の運動方程式を発表し,粘性流体の歴史が始まった.しかし,この方程式は難解のため,実際上の問題解決につながるにはプラントルの境界層理論 (1904) まで待たなければならなかった.

$$= -\frac{1}{\rho}\frac{\partial p}{\partial \theta} + \nu\left[\frac{\partial^2 w}{\partial z^2} + \frac{\partial}{\partial r}\left\{\frac{1}{r}\frac{\partial}{\partial r}(rw)\right\} + \frac{1}{r^2}\frac{\partial^2 w}{\partial \theta^2} + \frac{2}{r^2}\frac{\partial v}{\partial \theta}\right] + f_\theta$$

5.4 ナビエ・ストークス方程式の厳密解

ナビエ・ストークス方程式は，加速度における対流項の非線形性のため"一般的に"解くことは不可能に近い。しかし，単純な運動では非線形項が消え解ける場合がある。ナビエ・ストークス方程式を理解するため，そのいくつかの例を取り上げる。

5.4.1 平　行　流

十分に長い平行平板間を流体が1方向に定常に流れている。この方向を x 軸方向，平板に垂直な方向を y 軸とする2次元流れを考える。平行壁の一方は静止し他方は速度 U で動いているとする。平板間の間隔は h とする。外力は考えないとすると，速度は

$$u = u(y), \quad v = 0 \tag{5.12}$$

となり，ナビエ・ストークス方程式（5.7）の第2式が $\partial p/\partial y = 0$ となるから，圧力 p は x のみの関数である。したがって，式（5.7）の第1式は

$$\frac{dp}{dx} = \mu\frac{d^2u}{dy^2} \tag{5.13}$$

となる。この解は

$$u(y) = \frac{1}{2\mu}\frac{dp}{dx}y^2 + Ay + B \quad (A, B：積分定数)$$

となる。粘性流体の場合，境界条件は壁面とともに流体が動く**粘着条件**（すべりなし条件：non-slip condition）から，$y=0$ で $u=0$，$y=h$ で $u=U$ となる。結局，速度分布は

$$u(y) = U\frac{y}{h} - \frac{1}{2\mu}\frac{dp}{dx}y(h-y) \tag{5.14}$$

となる。この速度分布は単純せん断流れ（**Couette流れ**）$u=Uy/h$ と，圧力

勾配による 2 次元ポアズイユ流れ $u = -\{1/(2\mu)\}(dp/dx)y(h-y)$ との重ね合わせである。一般に，流れ方向に圧力は低下し（$dp/dx < 0$），そのとき図 5.3 に示すように全断面にわたって流速は正である。逆に圧力が上昇する場合（$dp/dx > 0$），その勾配が大きくなると逆流域が生じる。

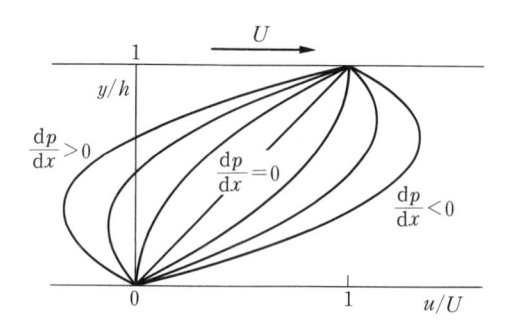

図 5.3　平行平板間の流れ

5.4.2　管内流（ハーゲン・ポアズイユ流）

十分に長い一様な円管内を流体が穏やかに流れている。この流れも平行流で，定常（$\partial/\partial t = 0$）でかつ軸対称 2 次元（円柱座標系において $\partial/\partial \theta = 0$）となる。流れ方向（$z$ 方向）の速度 u は半径 r のみの関数である。したがって，式（5.11）より

$$\frac{dp}{dz} = \mu \frac{1}{r} \frac{d}{dr}\left(r \frac{du}{dr}\right) \tag{5.15}$$

となる。この式（5.15）の左辺は z のみの関数であり，右辺は r のみの関数であるから，両者が一致するためには定数でなければならない。つまり，圧力勾配は一定であることがわかる。式（5.15）を積分して速度 $u(r)$ を求めると

$$u(r) = \frac{1}{4\mu}\frac{dp}{dz}r^2 + A\ln r + B \quad (A, B : 積分定数) \tag{5.16}$$

となる。境界条件は管中心軸上の速度が無限大になることはない〔$u(0) =$ 有限値〕ことと，管壁（$r = a$）で $u = 0$ である。したがって，$u(r)$ は

$$u(r) = -\frac{1}{4\mu}\frac{dp}{dz}(a^2 - r^2) \tag{5.17}$$

となり，図 5.4 に示す回転放物面をもつ速度分布であることがわかる．この流れは，**ハーゲン・ポアズイユ流**として有名である．

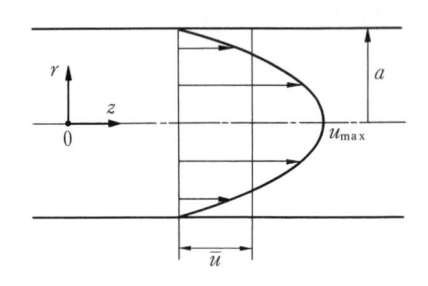

図 5.4 ハーゲン・ポアズイユ流

このときの流量 Q は

$$Q = \int u(r) \mathrm{d}A = \int_0^a 2\pi r u(r) \mathrm{d}r$$
$$= -\frac{\pi a^4}{8\mu}\frac{\mathrm{d}p}{\mathrm{d}z} = -\frac{\pi d^4}{128\mu}\frac{\mathrm{d}p}{\mathrm{d}z} \tag{5.18}$$

によって与えられる．これを**ポアズイユの法則**（Poiseuille law）といい，流量は圧力勾配と直径 d の 4 乗に比例し，粘性係数に反比例することを示す．また，この式 (5.18) を利用して粘性係数 μ が測定される．

また，式 (5.17) から管中心の最大流速は $u_{\max} = -(\mathrm{d}p/\mathrm{d}z)\{a^2/(4\mu)\}$ であり，式 (5.18) と $Q = \pi a^2 \bar{u}$ から平均流速 $\bar{u}$ は

$$\bar{u} = -\frac{\mathrm{d}p}{\mathrm{d}z}\frac{a^2}{8\mu} = \frac{u_{\max}}{2} \tag{5.19}$$

となり，最大流速の半分であることがわかる．

5.4.3 瞬間的に運動を始めた平板上の流れ（レイリーの問題）

無限に長い平板が一定速度 U で，その面の方向に運動を始める場合の上部流体の流れを考える．この問題は**レイリーの問題**（Rayleigh's problem）と呼ばれ，流れは非定常平行流であり，粘性作用を理解するうえで重要である．

平板の面に沿って x 軸を，これに直角に y 軸をとる．圧力は流れ場全体で一定と考えられるから，ナビエ・ストークス方程式は

5.4 ナビエ・ストークス方程式の厳密解

$$\frac{\partial u}{\partial t} = \nu \frac{\partial^2 u}{\partial y^2} \tag{5.20}$$

となる。初期条件と境界条件は式（5.21）のようになる。

$$t = 0 ; \quad u = 0 \quad (y \geqq 0)$$
$$y = 0 ; \quad u = U \quad (t \geqq 0) \tag{5.21}$$
$$y = \infty ; \quad u = 0 \quad (t \geqq 0)$$

ここで，新しい変数として η を導入する。

$$\eta = \frac{y}{2\sqrt{\nu t}}, \quad u = Uf(\eta) \tag{5.22}$$

式（5.22）を式（5.20）に代入し

$$\frac{\partial \eta}{\partial t} = -\frac{\eta}{2t}, \quad \frac{\partial \eta}{\partial y} = \frac{1}{2\sqrt{\nu t}}$$

に注意すれば，$f(\eta)$ に対する方程式として

$$\frac{d^2 f}{d\eta^2} + 2\eta \frac{df}{d\eta} = 0 \tag{5.23}$$

が得られる。境界条件は，$\eta=0$ で $f=1$，$\eta=\infty$ で $f=0$ となる。ここで $t=0$ と $y=\infty$ における条件は $\eta=\infty$ と対応している。式（5.23）の解 $f(\eta)$ を求め，速度 $u(\eta)$ は

$$u(\eta) = U(1-\mathrm{erf}\,\eta) \tag{5.24}$$

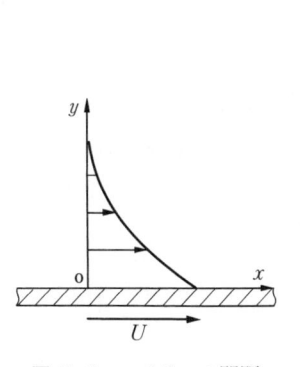

図 5.5 レイリーの問題

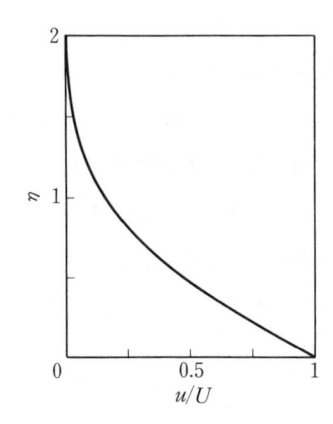

図 5.6 レイリーの問題の速度分布

で与えられる（図 **5.5**）。ただし，erf は誤差関数と呼ばれ

$$\mathrm{erf}\,\eta = \frac{2}{\sqrt{\pi}}\int_0^\eta \exp(-x^2)\,\mathrm{d}x$$

と定義される。なお，$\mathrm{erf}(0)=0$，$\mathrm{erf}(\infty)=1$ である。図 **5.6** に示すように，速度は壁からの距離 y とともに急速に減少する。例えば，$\eta=2$ すなわち $y=4\sqrt{\nu t}$ のところでは，u は U の 0.5% 以下にすぎない。つまり，粘性の影響が現れるのは壁から $\sqrt{\nu t}$ 程度の領域に限られることがわかる。

ここでは省略するが，この問題と類似な例として平板が周期的に振動する場合も厳密解を与える。

5.5 数値的解法

ナビエ・ストークス方程式は，非線形性のため解析的に解くことは一般に困難である。近年，コンピュータの目覚ましい発達と計算手法の開発が進み，数値的に流れを解くことが盛んに行われるようになってきている。この分野は**計算流体力学**（computational fluid dynamics）と呼ばれている。

流れを記述する基礎式は，連続の方程式やナビエ・ストークス方程式のような偏微分方程式である。コンピュータを用いて流れを解くとは，この偏微分式を離散化した値に置き換えて近似解を求めることである。離散化する方法には，**有限差分法**（finite difference method，略して FDM）や**有限要素法**（finite element method，略して FEM）などがある。

有限差分法は，対象領域を空間的，時間的に格子網で覆い，格子点上の物理量を用いて微分方程式を近似する。この近似式は，差分方程式あるいは差分スキームと呼ばれ，これをコンピュータで解いて微分方程式の近似解とする。

差分近似の基本は，変数 $f(x)$ をテイラー展開して

$$f(x+\mathrm{d}x) = f(x) + \frac{\mathrm{d}f}{\mathrm{d}x}\mathrm{d}x + \frac{1}{2!}\frac{\mathrm{d}^2 f}{\mathrm{d}x^2}\mathrm{d}x^2 + \frac{1}{3!}\frac{\mathrm{d}^3 f}{\mathrm{d}x^3}\mathrm{d}x^3 + \cdots$$

$$(5.25)$$

を得る。式 (5.25) から導関数 df/dx の差分は，以下の式 (5.26) のように書ける。

$$\left(\frac{df}{dx}\right)_x = \frac{f(x+dx)-f(x)}{dx} + O(dx) \tag{5.26}$$

ここで，$O(dx)$ は打切り誤差を示す。上の差分式 (5.26) は前進差分と呼ばれる。

d^2f/dx^2 などの2階導関数は，$f(x+dx)$ と $f(x-dx)$ をそれぞれテイラー展開してそれぞれの和から

$$\left(\frac{d^2f}{dx^2}\right)_x = \frac{f(x+dx)-2f(x)+f(x-dx)}{dx^2} + O(dx^2) \tag{5.27}$$

と差分近似式が得られる。

ここで，式 (5.20) を差分近似することを考える。この場合，1次元非定常問題であるから，時空間を図 5.7 に示すように，y 方向を添字 i，時間方向を添字 n で表すことにする。速度 $u(t,y)$ は u_i^n とし，$u(t+\Delta t, y+\Delta y)$ は u_{i+1}^{n+1} と表す。偏微分方程式を差分式 (5.26) と (5.27) を参考に置き換えると

$$\frac{u_i^{n+1}-u_i^n}{\Delta t} = \nu \frac{u_{i+1}^n - 2u_i^n + u_{i-1}^n}{\Delta y^2} \tag{5.28}$$

となる。したがって，未知の速度 $u_i^{n+1}(=u(t+\Delta t, y))$ は

$$u_i^{n+1} = u_i^n + k(u_{i+1}^n - 2u_i^n + u_{i-1}^n) \tag{5.29}$$

となる。ここに，$k = \nu \Delta t / \Delta y^2$。時刻 $n=0$ の $u_{i+1}^0, u_i^0, u_{i-1}^0$ は初期条件として与えられており，Δt だけ進んだ時刻 $t=n\Delta t (n=1)$ の速度 $u_i^1 (i=1 \sim m, y=i\Delta y)$ が式 (5.29) から決定される。したがって，つぎに $t=n\Delta t (n=2)$

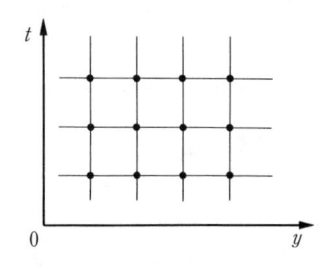

図 5.7 差分格子

の速度を求めることができ，つぎつぎに時刻を進めた解が決定できる。ただし，この方法では $k \leq 0.5$ でなければ有効でなく解が発散してしまう。

有限要素法は，流れの領域を任意の形状をもつ有限要素（三角形など）に分割する。各要素内の速度や圧力は節点（三角形の頂点）の値を用いて多項式近似する。個々の要素をつなぎ合わせて全体方程式をつくり，これを解いて近似解を得る方法である。

差分法は計算手続きが比較的簡単であるが，流れ場を直交格子に分割するのに対して，有限要素法は計算手続きが複雑となるが任意の要素に分割するため，流れ領域が複雑な場合に有利である。流れを解析するためにはナビエ・ストークス方程式を解くことになる。このとき，非線形項の扱いや解の安定性・精度など配慮しなければならない。ここでは紙面の関係から省略するので，詳細は数値計算関係の書籍を参照されたい。

ポイント

(1) 運動する非圧縮粘性流体の各点には，9個の成分をもつ応力が作用する。面に垂直方向に働く法線応力と面に平行に働くせん断応力とに分ける。その応力は，圧力と速度勾配（伸び速度，ずり変形速度）と関係づけられる。

(2) 粘性流体の運動方程式は，ナビエ・ストークス方程式と呼ばれ，流体現象を支配する最も基本的な式である。この式は，非線形であるため一般的に解くことが困難であるが，特殊な場合に厳密解をもつことがわかっている。

(3) 現在，流体解析の多くの場合は，有限差分法や有限要素法などの方法を用いてコンピュータにより数値的に解かれている。

演習問題

【1】 粘性流体中に働く応力について，図 *5.1* に示す微小立方体の任意の一面に働く応力を描き説明せよ。また，応力と速度の関係について説明せよ。

【2】 非圧縮粘性流体に働く x 方向の応力は

$$\frac{1}{\rho}\left(\frac{\partial \sigma_{xx}}{\partial x}+\frac{\partial \tau_{yx}}{\partial y}+\frac{\partial \tau_{zx}}{\partial z}\right)$$

と表せる。上記の式を圧力 p と速度 u, v, w を用いて書き換えよ。また，ナビエ・ストークス方程式の x 方向の式を書きなさい。

【3】 速度分布が，式（5.14）で示されるクエット・ポアズイユ流の最大速度および流量を求めよ。

【4】 円管内を層流で流れるときの速度分布は

$$u=-\frac{1}{4\mu}\frac{\mathrm{d}p}{\mathrm{d}z}(a^2-r^2)$$

と与えられる。この式からハーゲン・ポアズイユの法則を導出せよ。

【5】 同心二重円管の環状部（内半径 r_1，外半径 r_2）を流体が定常的に管軸方向に層流で流れている。速度分布を求めよ。

【6】 導関数 $\partial u/\partial t$, $\partial^2 u/\partial y^2$ をそれぞれ差分近似式に書き換えよ。また，式（5.20）が式（5.28）と近似されることを示せ。

6

次元解析と相似則

　さまざまな物理現象を高速あるいは低速とか，大規模あるいは小規模なスケールであると表現することがよくあるが，何に比べて速いのか大きいのかを明確にしなければ意味がない。類似の複数の現象を比較するときは相対的な判定基準が重要となる。本章では，無次元数の理解や未知の現象を解析する半理論・半実験的方法である次元解析およびモデル実験と，実物との関係を考えるうえで重要な相似則について概説する。

6.1 次 元 解 析

　各種流体機械や機器を設計製作する際，流動現象に基づく抵抗や損失など流体の運動を解明しその性能を把握することはきわめて重要である。しかし，実在流体の流動現象はきわめて複雑であるため，基礎方程式からその流動現象を支配する関数関係式（物理方程式）を理論的に導くことは困難な場合が多い。そこで通常は，実機や模型で実験を行い，物理法則や種々の経験則を考慮しながらその流動現象を最も支配すると考えられる物理量の関数関係式を導き出す方法がとられる。このように現象が複雑でそれを理論的に取り扱うことが困難な場合に，流動現象を支配する物理量の関係式は次元的に同一であることを利用して法則を導く手法を**次元解析**（dimensional analysis）という。

　物理関係式の各項は，一般的に付録に示す基本単位（primary quantity）で構成された組立単位（secondary quantity）として表される。次元（dimension）とは，基本単位の指数を指し，その関係式が等式として成立するためには各項の次元が同一の次元，つまり同次でなければならない。その際，ある一

つの項を選び，その項で他の項を割ると各項の次元がゼロとなり無次元となる。これを関数関係式の無次元化という。無次元化すれば物体の形や大きさ，流体の物性などにかかわりなく，流れの現象を一般的かつ系統的に整理できる。

一例として，管内流れや物体周りの流れなどのように境界の形が与えられている場合にどのような流れが起こるかを考える。この際，基礎方程式を無次元の形で表すのが便利である。いま，流れを特徴づける代表的な長さ（管や球の直径など）を L，代表的な速度の大きさを U とする。

$$(x, y, z) = L(x', y', z'), \quad v = Uv'$$
$$t = \left(\frac{L}{U}\right)t', \qquad p = \rho U^2 p' \qquad (6.1)$$

ここに，x', y', z', t', $v'(u', v', w')$, p' はすべて無次元量である。このとき，ナビエ・ストークス方程式 (5.9) は

$$\frac{\partial u'}{\partial t'} + u'\frac{\partial u'}{\partial x'} + v'\frac{\partial u'}{\partial y'} + w'\frac{\partial u'}{\partial z'} = -\frac{\partial p'}{\partial x'} + \frac{1}{Re}\nabla^2 u' + f_x'$$

$$\frac{\partial v'}{\partial t'} + u'\frac{\partial v'}{\partial x'} + v'\frac{\partial v'}{\partial y'} + w'\frac{\partial v'}{\partial z'} = -\frac{\partial p'}{\partial y'} + \frac{1}{Re}\nabla^2 v' + f_y' \qquad (6.2)$$

$$\frac{\partial w'}{\partial t'} + u'\frac{\partial w'}{\partial x'} + v'\frac{\partial w'}{\partial y'} + w'\frac{\partial w'}{\partial z'} = -\frac{\partial p'}{\partial z'} + \frac{1}{Re}\nabla^2 w' + f_z'$$

となり，式中の $Re(=UL/\nu)$ はレイノルズ数である。なお，連続の式 (5.8) を無次元化してもまったく同じ形である。無次元化した式を解くことの有利さは，同じ形の物体周りの流れを解くとき，式 (6.2) で示すように，解は Re だけに依存する。流体の種類（密度や粘度），物体の大きさおよび流速が異なっていても，Re が同じであれば同じ流れ（解）を与えることになる。これをレイノルズの相似法則という。

次元解析は流体工学のみならず，あらゆる物理現象に適用できるきわめて有効な方法であり，実験結果と併用すれば現象を理解するのに有力な方法である。次元解析の方法には，つぎに述べるロード・レイリーによる方法と，バッキンガムの π 定理による方法とがある。

6.1.1 ロード・レイリーの方法

ある物理的ことがら（物理量）に対して関係する物理量がわかっている場合，その物理量のべき乗と任意に仮定した定数との積により構成された関係式の次元は同次でなければならない．このことを利用して物理方程式を求める方法を**ロード・レイリーの方法**（Lord Rayleigh's method）という．

一例として，図 6.1 に示すような船の造波抵抗 D が船の長さ L，速度 V と流体の密度 ρ および重力加速度 g によることがわかっている場合に，ロード・レイリーの方法により船の造波抵抗 D を求めることを考える．これを関数関係式で表すと

$$D = kL^a V^b \rho^c g^d \tag{6.3}$$

となる．k は任意の定数である．式 (6.3) を次元で表すと

$$\mathrm{kg^1\,m^1\,s^{-2}} = k^0 (\mathrm{m})^a (\mathrm{m\,s^{-1}})^b (\mathrm{kg\,m^{-3}})^c (\mathrm{m\,s^{-2}})^d \tag{6.4}$$

となり，両辺の次元が同次となるためには，それぞれの基本単位について

$$\begin{cases} \mathrm{kg} &: 1 = c \\ \mathrm{m} &: 1 = a+b-3c+d \\ \mathrm{s} &: -2 = -b-2d \end{cases}$$

が成立する．$a \sim d$ の4個の未知数に対して3式では，解を一義的に決めることができない．そこで，d を既知であると仮定すれば各指数の値が求められ，$a=2+d$，$b=2-2d$，$c=1$ を得る．したがって，式 (6.3) は式 (6.5) で表される．

$$D = k\rho L^2 V^2 \left(\frac{V}{\sqrt{gL}}\right)^{-2d} \tag{6.5}$$

船の造波抵抗 D は結局，$V/\sqrt{gL}$ の関数となる．$V/\sqrt{gL}$ は，フルード数 Fr と呼ばれ，後述するように自由表面をもつ流れ場に重要な役割をもつ無次

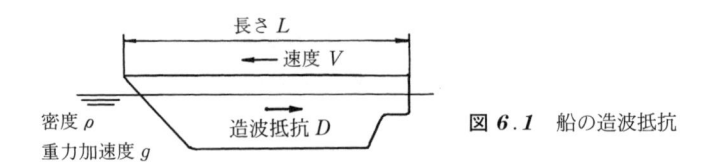

図 6.1 船の造波抵抗

元数である。この値を2乗しても，n乗しても無次元のままである。

6.1.2 バッキンガムのπ定理による方法

ある物理現象に対して，それに関係する物理量がn個あり，この物理量を構成する基本単位がk個であるとき，この現象は$n-k=m$個の無次元数の関係で表すことができる。すなわち，$A_1, A_2, A_3, \cdots, A_n$の$n$個の物理量がある現象に対して

$$f(A_1, A_2, A_3, \cdots, A_n) = 0 \tag{6.6}$$

の関数関係式で表されるとき，これら諸量を組み合わせてできるm個の無次元数$\pi_1, \pi_2, \pi_3, \cdots, \pi_m$を用いて，つぎの方程式

$$F(\pi_1, \pi_2, \pi_3, \cdots, \pi_{n-k}) = 0 \tag{6.7}$$

に置き換えられる。これを**バッキンガムのπ定理**（Buckingham π-theorem）という。$\pi_1, \pi_2, \pi_3, \cdots, \pi_{n-k}$をつくるには，$n$個の物理量から$k$個取り出し，これをべき乗積で表し，残りの$m$個の物理量を，1個ずつこれらの式に掛けることによって得られる。

一例として，図6.2に示すような速度Vの一様流中に置かれた直径dの球が受ける抗力Dを，V, d, 流体の密度ρ, 粘性係数μから求めることを考える。物理量は5個（$n=5$），基本単位を長さ，質量，そして時間の3個（$k=3$）であるから，求められる無次元数は$n-k=2$，つまりπ_1, π_2となる。5個の物理量からρ, V, dの3個を取り出し，べき乗積で式を表すと無次元数π_1, π_2は

$$\begin{aligned} \pi_1 &= \rho^{\alpha_1} V^{\beta_1} d^{\gamma_1} D \\ \pi_2 &= \rho^{\alpha_2} V^{\beta_2} d^{\gamma_2} \mu \end{aligned} \tag{6.8}$$

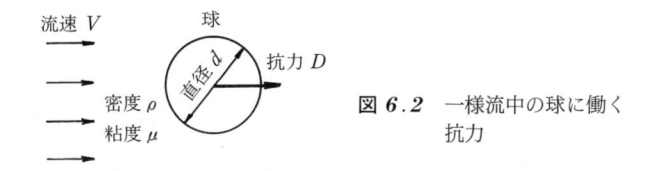

図6.2 一様流中の球に働く抗力

となり，式 (6.8) の次元は

$$\text{kg}^0\,\text{m}^0\,\text{s}^0 = (\text{kg}\,\text{m}^{-3})^{\alpha_1}(\text{m}\,\text{s}^{-1})^{\beta_1}(\text{m})^{\gamma_1}(\text{kg}\,\text{m}\,\text{s}^{-2})$$
$$\text{kg}^0\,\text{m}^0\,\text{s}^0 = (\text{kg}\,\text{m}^{-3})^{\alpha_2}(\text{m}\,\text{s}^{-1})^{\beta_2}(\text{m})^{\gamma_2}(\text{kg}\,\text{m}^{-1}\,\text{s}^{-1}) \quad (6.9)$$

で表される。したがって，両辺の次元が同次であるためには

$$\begin{cases} \text{kg} &: 0 = \alpha_1 + 1 \\ \text{m} &: 0 = -3\alpha_1 + \beta_1 + \gamma_1 + 1 \\ \text{s} &: 0 = -\beta_1 - 2 \end{cases} \quad \begin{cases} \text{kg} &: 0 = \alpha_2 + 1 \\ \text{m} &: 0 = -3\alpha_2 + \beta_2 + \gamma_2 - 1 \\ \text{s} &: 0 = -\beta_2 - 1 \end{cases}$$

が成立する。各指数を求めると，$\alpha_1 = -1$，$\beta_1 = -2$，$\gamma_1 = -2$，および $\alpha_2 = -1$，$\beta_2 = -1$，$\gamma_2 = -1$ を得る。したがって，無次元数はそれぞれ

$$\pi_1 = \rho^{-1}V^{-2}d^{-2}D = \frac{D}{\rho V^2 d^2}$$
$$\pi_2 = \rho^{-1}V^{-1}d^{-1}\mu = \frac{\mu}{\rho V d} = \frac{1}{Re} \quad (6.10)$$

となり，Re はレイノルズ数を表す。π 定理から，$\pi_1 = f(\pi_2)$ とすれば

$$\frac{D}{\rho V^2 d^2} = f_1\left(\frac{1}{Re}\right) = f_2(Re)$$

となり，ここで $f_2(Re) = C_D \pi / 8$ とすれば

$$D = C_D \frac{\rho}{2} V^2 \left(\frac{\pi d^2}{4}\right) = C_D \frac{\rho}{2} V^2 S \quad (6.11)$$

となる。これが球の抗力を表し，運動エネルギーと投影面積（$S = \pi d^2/4$）に比例する。比例係数 C_D は，実験により与えられる抗力係数であり，Re のみに関係する。抗力係数 C_D については **9** 章で詳しく述べる。

6.2 相似則

6.2.1 相似則の概念

ある流れ場の特性を調べたいとき，すでに調べた結果が利用できれば非常に便利である。例えば，実物が大きすぎて実験することができない場合に**模型** (model) を用いて**実物**（prototype）と相似な流れを得ることができれば，模

型による実験結果で実物の流れ場の特性を推定することができる。ある現象において，実物と模型との両者における物理現象が相似になる条件を**相似則** (law of similarity) という。相似則が成立するためには両者の流れ場において，相対応する代表長さの寸法比を同一とする**幾何学的相似** (geometric similarity)，相対応する流線が幾何学的に相似でかつ相対応する点における速度の比を同一とする**運動学的相似** (kinematic similarity)，そして相対応する流体要素に作用する力の比が同一とする**力学的相似** (dynamic similarity) を満足することが必要である。模型実験を行う際，これら相似則を完全に満足させることは多くの場合，困難であり，実際には適当な近似を行い模型実験の結果から実際の流れ場の特性が推定される。

6.2.2 代表的な無次元数

流体運動中に作用する力の比について説明する。式 (5.9) に示したナビエ-ストークス方程式は，単位質量当りの慣性力，圧力，粘性力，重力などの力のつりあいを示しており，これら各項の比として無次元数が表される。この観点を意識しながら代表的な無次元数について以下に述べる。

〔1〕 **レイノルズ数** 慣性力と粘性力との比で表される無次元数をレイノルズ数 (Reynolds number) という。

$$Re = \frac{慣性力}{粘性力} = \frac{V(\partial V/\partial l)}{\nu(\partial^2 V/\partial l^2)} \approx \frac{V(Vl^{-1})}{\nu(Vl^{-2})} = \frac{Vl}{\nu} \qquad (6.12)$$

レイノルズ数は，流れが層流か乱流かを区別するだけでなく，流れの緒量を決定する最も重要な無次元数である。

〔2〕 **フルード数** 慣性力と重力との比で表される無次元数をフルード数 (Froude number) といい，おもに自由表面をもつ流れ場で重要な無次元数である。

$$Fr = \frac{慣性力}{重力} = \frac{V(\partial V/\partial l)}{g} \approx \frac{V(Vl^{-1})}{g} = \frac{V^2}{gl} \qquad (6.13)$$

フルード数は，流体の慣性力と重力とが支配的である流れ場，例えば，船が

水上を進むときの流れにおいて重要である。

〔3〕 **オイラー数** 圧力による力と慣性力との比で表される無次元数をオイラー数（Euler number）といい，おもに圧力差が流れに影響を及ぼす流れ場に使用される無次元数である。

$$Eu = \frac{\text{圧力による力}}{\text{慣性力}} = \frac{(\partial p/\partial l)/\rho}{V(\partial V/\partial l)} \approx \frac{(pl^{-1})/\rho}{V(Vl^{-1})} = \frac{p}{\rho V^2} \quad (6.14)$$

オイラー数を2倍した $p/(\rho V^2/2)$ を圧力係数といい，管内流れの圧力低下やキャビテーションの発生の目安として用いられる無次元数である。

〔4〕 **ストローハル数** 慣性力のうち非定常項と対流項との比で表される無次元数をストローハル数（Strouhal number）といい，非定常かつ振動を伴う流れ場に使用される無次元数である。

$$St = \frac{\text{非定常項}}{\text{対流項}} = \frac{\partial V/\partial t}{V(\partial V/\partial l)} \approx \frac{Vf}{V(Vl^{-1})} = \frac{fl}{V} \quad (6.15)$$

ここで，f は振動数（Hz=s^{-1}）を表す。ストローハル数は，高いレイノルズ数領域において発生するカルマン渦の発生周期などを決める無次元数である。

〔5〕 **ウェーバ数** 慣性力と表面張力との比で表される無次元数をウェーバ数（Weber number）といい，表面張力が顕著に影響を及ぼす流れ場に使用される無次元数である。表面張力はナビエ・ストークス方程式には現れないが，境界条件に出てくる。

$$We = \frac{\text{慣性力}}{\text{表面張力}} = \frac{\rho l^2 V^2}{\sigma l} = \frac{\rho V^2 l}{\sigma} \quad (6.16)$$

ウェーバ数は，一つの液体が他の流体と接する面をもつ場合，つまり表面張力波や液滴の生成などの問題に適用できる無次元数である。

〔6〕 **マッハ数** 流体が高速で流れる場合，圧縮性が問題となる。この場合，慣性力と弾性力と比で表されるマッハ数（Mach number）が重要な因子となる。

$$Ma = \left(\frac{\text{慣性力}}{\text{弾性力}}\right)^{1/2} = \left(\frac{\rho l^2 V^2}{\rho l^2 (dp/d\rho)}\right)^{1/2} = \frac{V}{\sqrt{dp/d\rho}} = \frac{V}{a} \quad (6.17)$$

ここで，a は音速を表す。マッハ数については **10** 章で詳しく述べる。

ポイント

(1) 次元解析は，現象を支配する物理量の関係を予測する有用な方法である。それらの間の定量的関係は，実験によって決定する必要がある。また，実験結果の定式化においても指針を与えることができる。

(2) 流体要素に作用する力には，重力，圧力，粘性力，表面張力，慣性力などによる力が考えられる。これらすべての力を考慮して流れの力学的相似を調べることは非常に困難である。そこで，それぞれの流動現象に応じて，どのような力が最も大きな影響を及ぼすかを見極めることが重要である。

演習問題

【1】 理想流体が管内オリフィスを流れている場合の流量 Q は流体の密度 ρ，オリフィスの直径 d およびオリフィス前後の圧力差 Δp を用いて表される。この関係式をロード・レイリーの方法により求めよ。

【2】 液体中の圧力波の伝播速度 a は，液体の密度 ρ および体積弾性係数 K により $a = f(\rho, K)$ で表される。この関係式をロード・レイリーの方法により求めよ。

【3】 流速 U_∞ の一様な流れのなかに平板が置かれている。平板の先端から x の距離における境界層の厚さ δ を π 定理を用いて求めよ。ただし，流体の密度を ρ，粘度を μ とする。

【4】 翼弦長 1.5 m の飛行機が 20°，大気圧の空間中を 200 km/h で飛ぶ。この 1/3 のモデル機を風洞のなかに置くとき，Re によって力学的相似条件が満足されているものとすれば

(1) 風洞内の空気の温度，圧力が同じとすれば風洞内の風速をいくらにすればよいか。

(2) 風洞内の空気の温度は同じで，圧力を 5 倍に高めるとき風速をいくらにすればよいか。ただし粘度 μ は一定とする。

(3) モデルを同じ温度の水槽で実験すると，水流の速さはいくらにすれば

よいか．

【5】 長さ 245 m の船が 14.4 m/s の速さで航行するときのフルード数を求めよ．また，フルード数を等しくする相似条件のもとで 1/25 の模型で実験をするとすれば，水槽中の模型の曳航速度はいくらか．

【6】 実船に対し 1/10 の模型船は，90 cm/s の速度で曳航したとき 0.265 N の造波抵抗を受ける．模型船の所要動力および実船の造波抵抗を求めよ．

7

管路内の流れ

われわれが流体を輸送しようとするとき，ほとんどの場合，円管を用いるため工学的には円管内流れが重要になる．その際，流体の流動様式（層流で流れるか乱流で流れるか）によりエネルギー損失が異なるため，配管設計やポンプなどを選定するには，流れの状態とエネルギー損失の関係を知ることが重要である．本章では，円管内流れの状態，速度分布およびエネルギー損失について説明する．

7.1 流れの状態

実在の流体には粘性があり，流体が固定壁面に接して流れるとき粘性によるせん断応力が作用する（外部摩擦）．また速度が一様でない場合には，流体内部でも同じく粘性によるせん断応力が働く（内部摩擦）．これら流体摩擦の機構は，流れが層流の場合と乱流の場合とで異なる．

レイノルズ（Osborne Reynolds）は，図 *7.1* に示す水槽に細長いガラス管を置き，栓を開いて管のなかに水を流し，管入口部から色素を注入して流れの状態を観察した．その結果，管内の速度がごく遅いとき図（*a*）に示すように色素の線が直線状になって明瞭に流れる．このとき流体は層状に秩序正しく整然と流れており，このような流れを**層流**（laminar flow）という．

水槽の水が動揺していると，管内の色素は直線状ではあるが図（*b*）のように多少曲がって流れるが，著しく乱れることはない．さらに，管内の水の速度を増加していくと，図（*c*）のように管の入口から少し下流部で色素が瞬間的に管全体に広がり水と混合する．流速をさらに高めると，色素の広がり位置が

94   7. 管路内の流れ

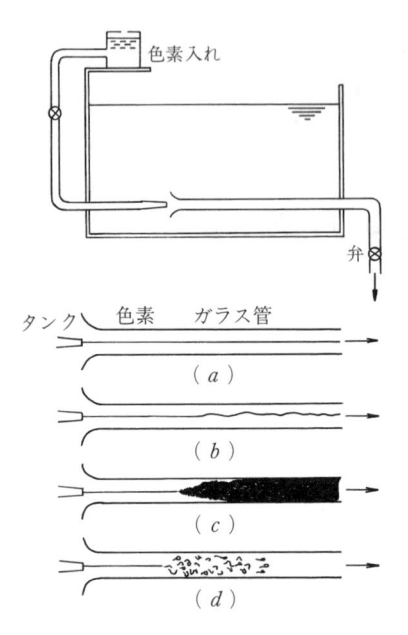

図 7.1 円管内の層流と乱流における流れの状態

入口に近づく。このような混合状態にある流れ場をストロボを用いて瞬間写真をとると，図 (d) のように水の微小部分が高速度で不規則に運動する。このような流れの状態を**乱流** (turbulent flow) といい，混合が行われるため乱流の一点において，流体は図 7.2 に示すように，時間的な平均速度の周りに不規則な短い周期の変動速度をもつ。

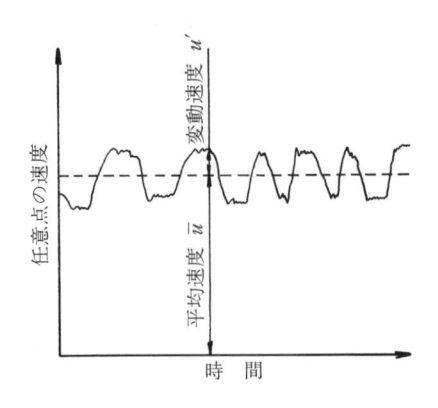

図 7.2 乱流の平均速度と変動速度

7.1 流れの状態

　流体の密度を ρ,粘度を μ とする円管内流れの状態は,管の内径 d を代表長さに管内断面の平均速度 $\bar{u}$ を代表速度とするレイノルズ数

$$Re = \frac{\rho \bar{u} d}{\mu} = \frac{\bar{u} d}{\nu} \tag{7.1}$$

により定まる。すなわち,レイノルズ数がある値 Re_c より小さければ円管内の流れは層流となり,逆に Re_c より大きければ流れは乱流となる。流れが層流から乱流へ移行することを流れの**遷移** (transition) といい,このときの Re_c を**臨界レイノルズ数** (critical Reynolds number),その平均速度 $\bar{u}_c$ を**臨界速度** (critical velocity) という。

　管内流れが層流から乱流へ遷移するのは,流れのなかに存在する**微小な乱れ**(**攪乱**:perturbation) が減衰せず,しだいに発達するためであり,臨界レイノルズ数の値は流体中に存在するその乱れの大きさにより変化する。しかし,あるレイノルズ数以下では流体中に大きな攪乱を与えても,しだいに減衰して乱流に遷移することなく層流に保たれる。

　このように流れに攪乱を与えても層流が保持される最高のレイノルズ数を低臨界レイノルズ数という。

　通常,低臨界レイノルズ数はおよそ 2 300 であり,2 000 以下の Re であれば,いかなる攪乱に対しても層流の状態となる。

　一方,管の入口部に適当な丸味をつけ流体中の攪乱を極力微小にすれば,臨界レイノルズ数の値を高くすることができる。これを高臨界レイノルズ数といい,このレイノルズ数以上の流れでは,わずかな攪乱を与えても層流に戻らず乱流に移行する。

　高臨界レイノルズ数なるものが明確に存在するかどうか,もし存在するとしたらその値はいかほどであるかなどに関しては現在のところ不明である。フェニンガ (W. Pfeninger) は,流れの攪乱を減衰させるため 12 個の特殊なスクリーンを設けた装置によって実験を行い,レイノルズ数が 100 000 になっても完全に流れが層流であることを見いだした。シラー (Schiller) は,入口における乱れがないように特に注意した結果,Re_c が 40 000 まで層流に保つこと

ができた。

一例として円管内を20℃の水が流れる場合，臨界レイノルズ数を$Re_c=2\,300$にとり，管直径dを1cmのように細い管でもその臨界速度$\bar{u}_c=23\,\text{cm/s}$程度に低い速度となる。したがって，水や空気を送る普通の工業的な管路では流動状態はほとんど乱流であるといえる。

層流から乱流への遷移は管内流に限らず，自由表面をもつ開水路の流れにおいても，また，物体表面に沿う境界層の流れにおいても見られる。境界層流れの遷移については**9**章で述べる。

7.2 速度分布

7.2.1 層流の場合

真っすぐな円管内における層流の速度分布，流量および圧力降下の関係は，**5.4.2**項に述べたようにハーゲン・ポアズイユ流の式で与えられる。

$$u = \left(-\frac{dp}{dx}\right)\frac{1}{4\mu}(R^2 - r^2) \tag{7.2}$$

層流のせん断応力はニュートンの粘性法則により$\tau = \mu du/dy$で与えられ，座標の原点を管壁にとり$y = R - r$の関係から$\tau = -\mu(du/dr)$となる。式(**7.2**)からτはつぎの関係式(**7.3**)が得られる。

$$\tau = \left(-\frac{dp}{dx}\right)\frac{r}{2} \tag{7.3}$$

ここで，dp/dxは流れ方向の圧力勾配であり，圧力は流れの方向に降下す

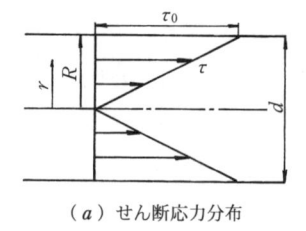

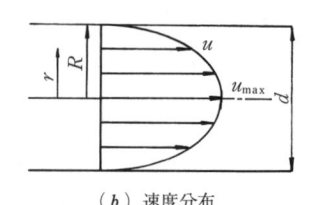

(a) せん断応力分布　　　(b) 速度分布

図 **7.3**　円管内のせん断応力分布と速度分布（層流）

るので，dp/dx は負となり，結局 $-$dp/dx は正となる．したがって，せん断応力は円管中心（$r=0$）で $\tau=0$ から壁面（$r=R$）の $\tau=(-$d$p/$d$x)(R/2)$ の最大値まで直線的に増加する．図 7.3 にせん断応力分布と速度分布を示す．

7.2.2 乱流の場合

管内流れが臨界レイノルズ数を超えると，その流れ場は不規則に混合した乱流となる．このとき，管内流れの任意の点における速度は，図 7.2 に示したように時間的な平均速度以外に不規則な変動速度をもつ．2次元流れを仮定すると任意の点の速度は

$$u = \bar{u} + u', \quad v = \bar{v} + v' \tag{7.4}$$

のように速度の時間平均値とそれからの変動量の和として表される．速度の時間平均値は

$$\bar{u} = \frac{1}{T}\int_0^T u\,\mathrm{d}t, \quad \bar{v} = \frac{1}{T}\int_0^T v\,\mathrm{d}t \tag{7.5}$$

として表され，T は適当な大きさにとられた時間である．一方，平均値からの変動速度の時間平均値は

$$\bar{u}' = 0, \quad \bar{v}' = 0 \tag{7.6}$$

となる．ここで，図 7.4 に示すような平板間の流れのように x 方向に u という速度をもつ流れを考えると，この場合の x および y 方向の速度成分はそれぞれ

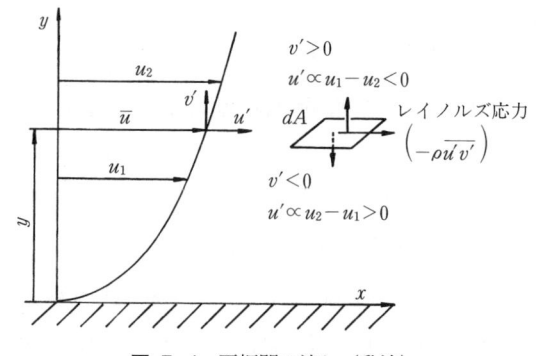

図 7.4　平板間の流れ（乱流）

x 方向：$u = \bar{u} + u'$ y 方向：$v = v'$ (7.7)

となる。

乱流の特徴の一つとしてあげられるのは，乱れによる流体粒子の激しい混合による拡散現象である．乱流の状態にある流体内部の2層の間に作用するせん断応力 τ は，層流の場合の粘性に基づくせん断応力（粘性摩擦応力） τ_l と，流体粒子の運動量移動による乱流せん断応力 τ_t との和となり

$$\tau = \tau_l + \tau_t \tag{7.8}$$

で表される．乱流せん断応力 τ_t はつぎのように考える．すなわち，**図7.4**の x 軸に平行な微小面積 $\mathrm{d}A$ において，ある瞬間において $u'<0$, $v'>0$ とすると，$\mathrm{d}A$ の下面から上面へ移動する質量流量は $\rho v' \mathrm{d}A$ である．それが u' だけ低い速度をもって上面の流体に入って混合するから，上面の流体を減速する．

一方，$u'>0$, $v'<0$ のときは $\mathrm{d}A$ の上面の流体が下面の流体を加速する．したがって，単位面積当りに通過する運動量は $\rho u' v'$ であり，符号を逆にしたものがその面に働く力であるから，せん断応力は $-\rho u' v'$ となる．結局，これら値の時間平均をとると，乱流せん断応力 τ_t は

$$\tau_t = -\rho \overline{u'v'} \tag{7.9}$$

となる．ここで，u' と v' とは符号が逆である場合が多く，実験的に確認されている．τ_t は乱れ運動によって生ずる見掛けのせん断応力であり，式 (7.9) を**レイノルズ応力**（Reynolds stress）という．したがって，乱流の流れ場に働くせん断応力は

$$\tau = \mu \frac{\mathrm{d}\bar{u}}{\mathrm{d}y} + (-\rho \overline{u'v'}) \tag{7.10}$$

で表される．レイノルズ応力は，流れの乱れが強くなると大きくなり，式 (7.10) の第1項は第2項に比べて無視できるようになる．

現在の乱流理論では，乱れ強さが空間的に一様でない乱流の場の全体にわたり，レイノルズ応力と平均速度の分布とを同時に決定することは不可能である．通常，乱流せん断流れにおいては以下に述べる半経験的な理論が利用される．

ブシネスク（J. Boussinesq, 1877）は，層流のせん断応力との類推から，レ

イノルズ応力を平均速度勾配に比例すると仮定した。

$$-\rho\overline{u'v'} = \rho\nu_t\frac{\mathrm{d}\bar{u}}{\mathrm{d}y} \qquad (7.11)$$

ここで，ν_t は**渦動粘度**（eddy kinematic viscosity），あるいは**乱流拡散係数**（eddy diffusion coefficient）という。ν_t は物性値ではなく，流れの状態によって変化する量であり，実験的に算出する必要がある。

プラントル（Prandtl）は，気体分子運動論の平均自由行程との類推から，乱流を不規則な渦の集団であるとし，図 **7.5** に示すようにこれらの粒子がそれぞれもっている運動量をある距離 l だけ輸送した後，周囲の流体と混合するものとして，その変動速度成分を式（7.12）のように仮定した。

$$u' \propto l\frac{\mathrm{d}u}{\mathrm{d}y} \qquad (7.12)$$

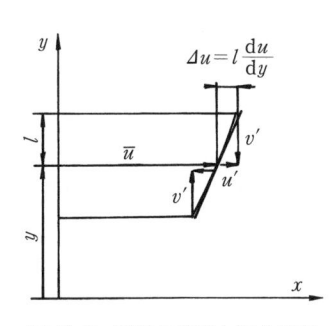

図 **7.5** 運動量輸送と混合距離　　図 **7.6** 管内乱流場のモデル

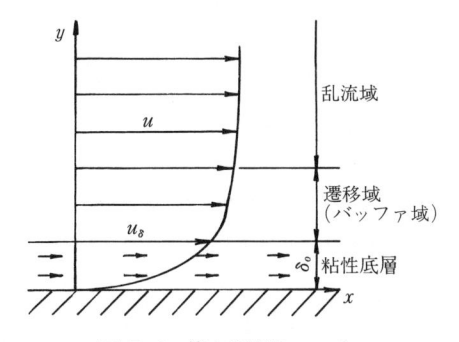

また，y 方向の速度変動 v' も $v' \propto u'$ とし，変動速度の時間平均値は，結局

$$\overline{u'v'} \propto l^2\left(\frac{\mathrm{d}u}{\mathrm{d}y}\right)^2 \qquad (7.13)$$

のように表される。これを式（7.9）に代入すれば，レイノルズ応力 τ_t は $\mathrm{d}u/\mathrm{d}y$ と関係づけられ

$$\tau_t = \rho l^2\left|\frac{\mathrm{d}u}{\mathrm{d}y}\right|\left(\frac{\mathrm{d}u}{\mathrm{d}y}\right) \qquad (7.14)$$

と書くことができる。ここで，l は**混合距離**（mixing distance）または**混合長**と呼ばれ，運動量が混合距離 l の間で保存され運搬される。この考え方を**運動**

量輸送理論（momentum transfer theory）あるいは**混合距離論**という。結局，乱流場のせん断応力 τ は式（7.15）となる。

$$\tau = \rho\nu\frac{du}{dy} + \rho l^2 \left|\frac{du}{dy}\right|\left(\frac{du}{dy}\right) \qquad (7.15)$$

以上の結果をもとに，内径 d の滑らかな円管内を流体が乱流の状態で流れている場合の速度分布を求める。

いま，管壁が滑らかでかつ Re が十分大きくない場合，円管の壁近傍では乱流の混合作用が抑制され，レイノルズ応力がほとんど無視できる図 **7.6** に示すような粘性による摩擦応力（層流によるせん断応力）の影響が支配的であるきわめて薄い層 δ_0 ができる。このきわめて薄い層を**粘性底層**（viscous sub-layer）といい，速度分布はこの層内でほぼ直線的となる。したがって，この層内で作用する壁面せん断応力を τ_0 とすれば

$$\tau_0 = \rho\nu\frac{du}{dy} = \rho\nu\frac{u}{y} \quad (y \leqq \delta_0)$$

$$\therefore \quad \frac{\tau_0}{\rho} = \nu\frac{u}{y} \qquad (7.16)$$

となる。$\sqrt{\tau_0/\rho}$ は速度の次元をもち，これを**摩擦速度**（friction velocity）という。これを u_* とすれば

$$u_*^2 = \frac{\tau_0}{\rho} = \nu\frac{u}{y}$$

$$\therefore \quad \frac{u(y)}{u_*} = \frac{u_*}{\nu}y \qquad (7.17)$$

となり，粘性底層内の速度は直線分布式となる。一方，粘性底層を超えた管路内では乱流混合が支配的である。速度分布は，$\tau_t = \tau_0$ とおいて式（7.14）で絶対値記号をとり，混合距離 l に関し $l = ky$（k は比例定数，プラントルの仮定）とおき，これを y で積分すれば

$$\frac{u}{u_*} = \frac{1}{k}\ln y + C \qquad (7.18)$$

となる。ここで，C は積分定数である。粘性底層の外縁（$y = \delta_0$）で式（7.17）と式（7.18）とが一致しなければならない。したがって，積分定数

C は

$$C = \frac{u_* \delta_0}{\nu} - \frac{1}{k} \ln \delta_0 = \frac{u_* \delta_0}{\nu} - \frac{1}{k} \ln \frac{u_* \delta_0}{\nu} + \frac{1}{k} \ln \frac{u_*}{\nu}$$

となる。$u_* \delta_0/\nu$ は粘性底層の厚さ δ_0 を代表長さとするレイノルズ数を表す。上式を式（7.18）に代入し定数を A とすれば，管路乱流の速度分布式は結局

$$\frac{u}{u_*} = \frac{1}{k} \ln \frac{u_* y}{\nu} + A \qquad (7.19)$$

となり，速度 u が u_* と y を基準としたレイノルズ数 $u_* y/\nu$ の関数として表されていることがわかる。式（7.19）をニクラーゼ（Nikuradse）の実験結果と比較すると，滑らかな円管内の流れに対しては，$k=0.4$，$A=5.5$ となる。式（7.19）にこれらの数値を代入し，常用対数を用いて表すと

$$\frac{u}{u_*} = 2.5 \ln \frac{u_* y}{\nu} + 5.5 = 5.75 \log \frac{u_* y}{\nu} + 5.5 \qquad (7.20)$$

を得る。式（7.20）を円管内乱流の速度分布に関する**対数法則**（logarithmic low）あるいは**壁法則**（wall law）と呼ぶ。結局，乱流場の速度分布は，管壁のごく近傍の領域ではレイノルズ応力に比べ粘性摩擦応力が支配的となり，粘性底層内の速度分布の式（7.17）となり，管内部の領域では逆にレイノルズ応力が支配的となるため対数法則の式（7.20）となる。

上記の結果と実験結果から乱流場の流れは $Re(=\bar{u}d/\nu)$ に関わらず**図 7.7** に示すように管壁から粘性底層（$u_* y/\nu < 5$）の領域と乱流（$u_* y/\nu > 70$）の領域があり，これらの中間には**遷移域**（transition zone）あるいはバッファ域（buffer zone）と呼ばれる粘性の作用も乱流による混合作用も同程度に働く領域（$5 < u_* y/\nu < 70$）が存在することが知られている。

滑らかな円管内の流れが乱流のときの速度分布は，**図 7.8** に示すように層流のときの放物線分布と比べて著しく平たんになる。層流の場合，平均速度の値は式（7.5）に示したように円管中心の最大速度の半分であるが，乱流の場合にはその値は最大値の約 0.8〜0.88 倍である。

プラントルは実験から円管内の乱流の速度分布として，管壁から y の距離における速度が管の中心にごく近い範囲を除いて，傾斜 $1/n$ の直線となるこ

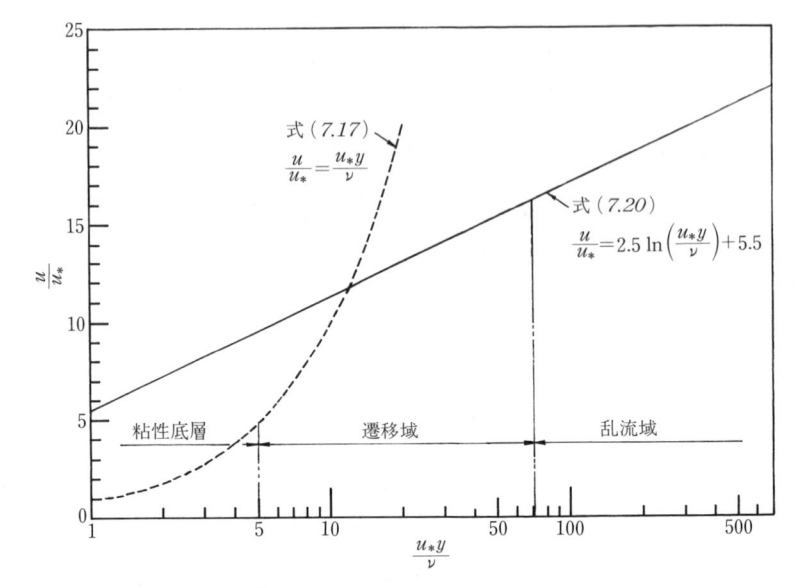

図 7.7 円管内乱流の速度分布

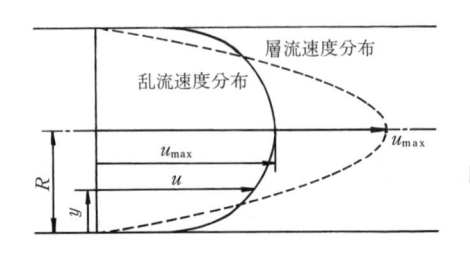

図 7.8 円管内乱流と層流の速度分布

とを示し

$$u = u_{max}\left(\frac{y}{R}\right)^{1/n} \tag{7.21}$$

なる式を導いた。これを円管内乱流の速度分布に関する**指数法則**という。n は Re により変化するが，通常 $n=7$ の値をとる。これを**カルマン・プラントルの 1/7 乗法則**（seventh power law）といい，$Re=3\times10^3 \sim 3\times10^5$ の範囲で実験と一致する。

7.3 圧力損失

断面一様の真っすぐな円管のなかを一定の流量 Q の流体が流れるとき，入口から十分離れた下流ではその速度分布の形は一定となる．この場合，流体が摩擦のない理想流体であれば各断面を通過する流体の全エネルギーは保存され一定となり，ベルヌーイの定理が成立する．実際の流れでは，流体の粘性による摩擦が働くため，この摩擦抵抗に打ち勝って流体を輸送するためには，上流側の圧力が下流側に比べ大であるか，または位置が高いことが必要となる．すなわち，上流側の圧力ヘッドと位置ヘッドとの和が下流側のそれよりも大きいことが必要で，そのヘッドの上流側と下流側の差がその間で失われたエネルギーを示す．したがって，粘性流体の流れにおいて，上流の断面1と，下流の断面2との二つの断面におけるエネルギーの間に式（7.22）の関係が成立する．

$$\left(\frac{p_1}{\rho}+gz_1\right)-\left(\frac{p_2}{\rho}+gz_2\right) = gh \tag{7.22}$$

これは流体が断面1，2の間を流れる途中で，粘性のためにエネルギーが減少することを示している．式（7.22）の h を管路における**摩擦損失ヘッド**（head loss）という．円管内の摩擦損失ヘッドは**図7.9**に示すように，層流の場合

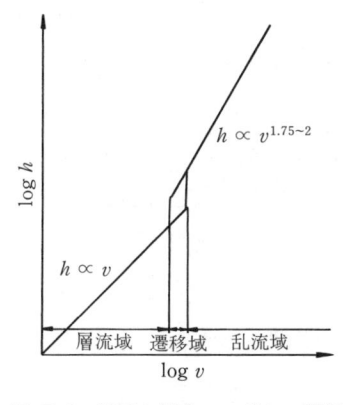

図 7.9 流速と損失ヘッドとの関係

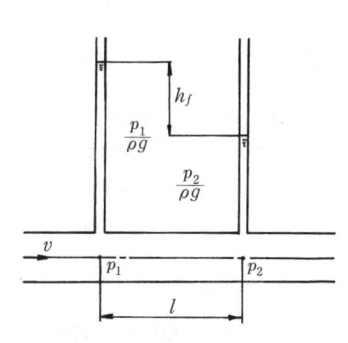

図 7.10 管摩擦損失

には流速 v に比例するが，乱流の場合には $v^{1.75\sim2}$ に比例するようになる。

　摩擦損失ヘッド h は，図 **7.10** に示すような水平管を流体が左から右へ長さ l だけ流れる間に，摩擦のため圧力が p_1 から p_2 まで Δp 降下する圧力損失であり，式（7.23）で表される。

$$h = \frac{\Delta p}{\rho g} = \lambda \frac{l}{d} \frac{v^2}{2g} \qquad (7.23)$$

　式（7.23）を**ダルシー・ワイスバッハ**（Darcy and Weisbach）**の公式**といい，λ は**管摩擦損失係数**（friction coefficient of pipe）と呼ばれる無次元数で，一般には Re と管壁の粗さとの関数で表される。

　円管内を流体が層流で流れている場合，管摩擦損失係数 λ は式（5.18）と式（7.23）を用いて

$$\lambda = \frac{64}{Re} \qquad (7.24)$$

を得る。すなわち，円管内の流れが層流の場合，λ の値は Re のみの関数として表され，$Re < 2\,300$ の層流域で実験結果と一致する。

　一方，円管内の流れが乱流の場合には，λ の値は一般に Re と図 **7.11** に示す管壁面の粗さ ε とによって変わる。いま，管壁上の凹凸の高さ ε が

$$\varepsilon \leqq \frac{5\nu}{u_*} \qquad (7.25)$$

であるならば，粗さは粘性底層内部にあり，流れの状態に影響しない。このとき λ は Re のみによって変わり，滑らかな管とみなすことができる。

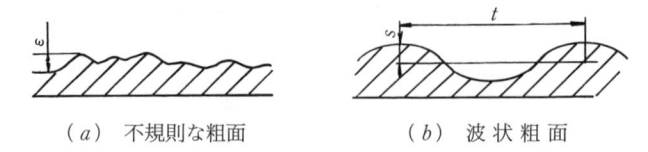

(a) 不規則な粗面　　　(b) 波状粗面

図 **7.11** 管壁の粗面

滑らかな管壁の場合の λ について種々の公式を示す。

　1）**ブラジウス**（Blasius）**の式**：

$$\lambda = 0.316\,4\,Re^{-1/4} \quad (Re = 3\times10^3 \sim 3\times10^5) \qquad (7.26)$$

2) **ニクラーゼ**（Nikuradse）**の式：**

$$\lambda = 0.0032 + 0.221 Re^{-0.237} \quad (Re = 3\times10^5 \sim 3\times10^6) \tag{7.27}$$

3) **カルマン・ニクラーゼ**（Karman-Nikuradse）**の式：**

$$\lambda = \frac{1}{(2\log Re\sqrt{\lambda} - 0.8)^2} \quad (Re = 10^5 \sim 10^7) \tag{7.28}$$

式（7.26）を式（7.23）に代入すると $h = cv^{1.75}$（c は定数）を得る．実験結果ともこれらの式とよく一致する（図 **7.12**）．

実用されているほとんどの管の内面は，図 **7.11** に示したような不規則な凹凸をもつ粗面と，波状の凹凸をもつ粗面とを併せもっている．ニクラーゼは管内を人工的に粗面にして実験を行い，図 **7.12** に示す結果を得た．Re が大きくなると管摩擦損失係数 λ の値は，Re の値とは無関係に一定値をとり，その値が粗さの無次元数 ε/d の値のみに関係していることがわかる．

管内の流れが乱流のとき，壁面にごく薄い粘性底層が存在し，しかもその厚さはレイノルズ数が増すと，しだいに薄くなり，ある粗さをもった円管ではレイノルズ数が小さい間は壁面の突起は，この粘性底層に覆われており，粗さの影響が現れていない（流体力学的に滑らかな面）．しかし，Re の増加に伴いこの突起が粘性底層の厚さより大きくなると粗さが摩擦損失に影響し，やがて λ の値は ε/d の値のみによって変化する（この状態を流体力学的に完全粗面という）．このとき，管壁上の凹凸の高さ ε は

$$\varepsilon \geqq \frac{70\nu}{u_*} \tag{7.29}$$

となり，管壁の突起が管内の乱流域にまで及び，λ はもはや Re には無関係に，ε/d のみによって決まる．

一般に市販されている管について，ムーディは直径に対する粗さを調べ（図 **7.13**），管摩擦係数を求める線図を作成した．この線図（図 **7.14**）を**ムーディ線図**（Moody diagram）と呼ぶ．実験と比較的よく合うので広く利用されている．

管路には円管以外に種々の断面形状をもつ管路がある．これらの管路では λ

106   7. 管路内の流れ

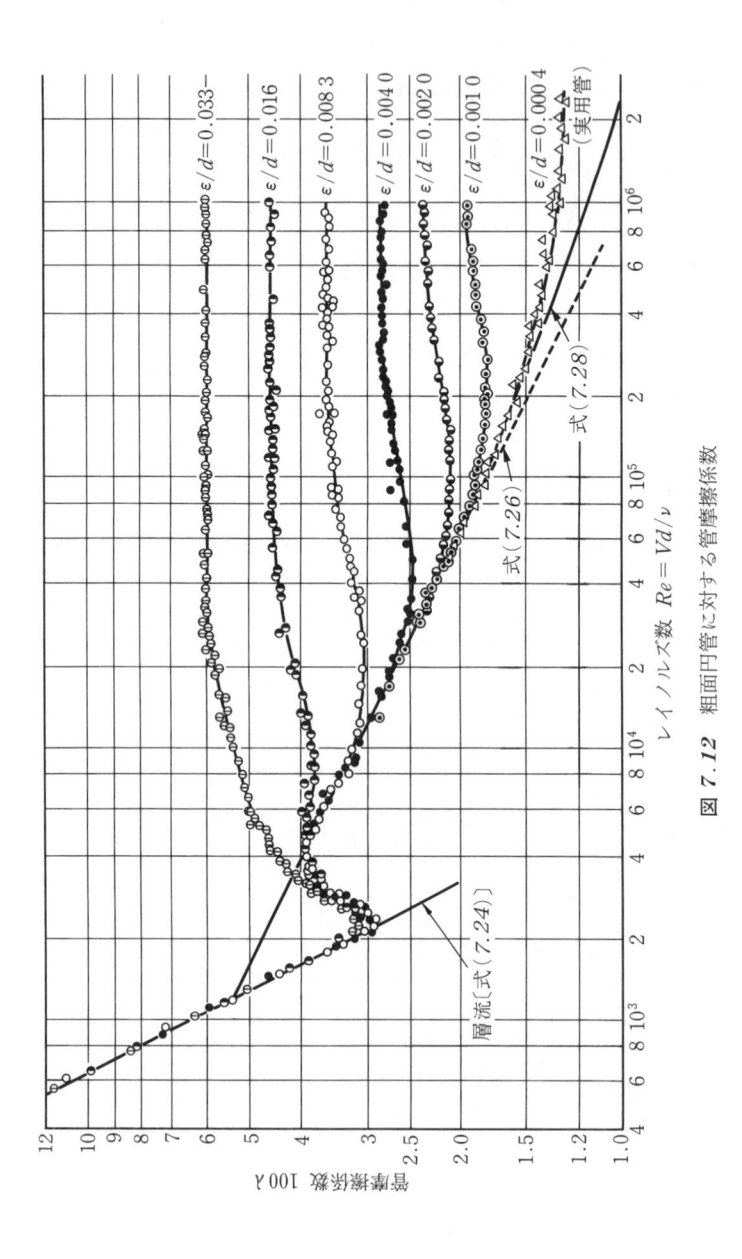

図 7.12 粗面円管に対する管摩擦係数

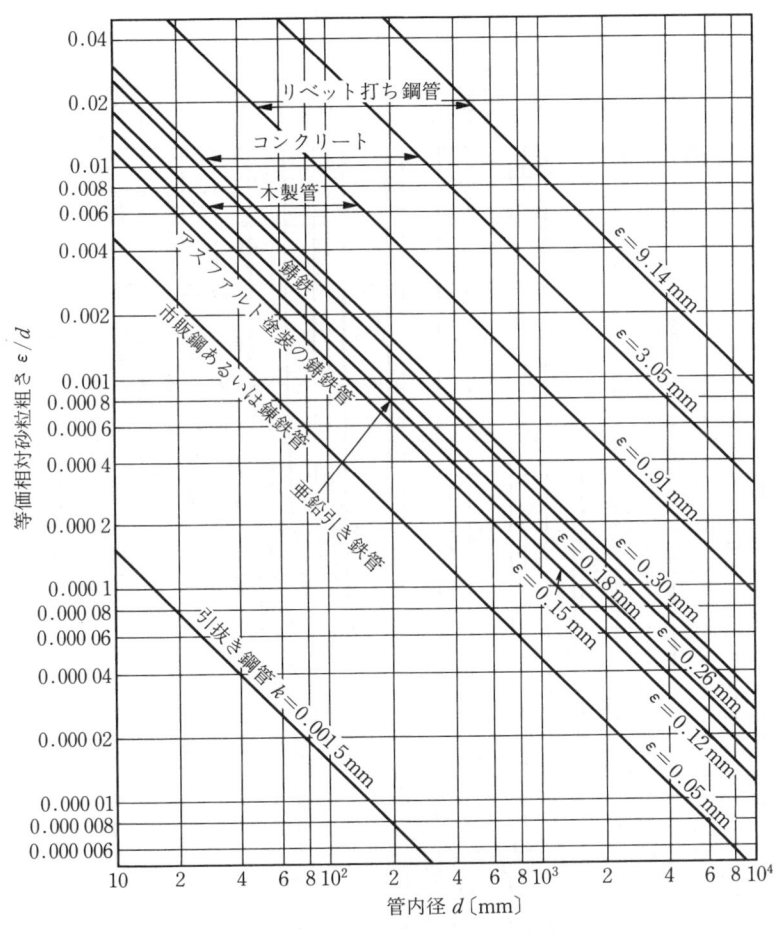

図 7.13 実用管の粗さ

の値については報告されているデータも少なく、ほとんど実験によるほかない。そこでこれら管路の λ の値を見積もる方法を以下に述べる。すなわち管の断面積を A、その断面において流体に接触している壁の長さ〔これをぬれ（濡れ）縁長さという〕を s として、式 (7.30) で定義される**水力平均深さ** (hydrualic mean depth) を

$$m = \frac{A}{s} \tag{7.30}$$

108   7. 管路内の流れ

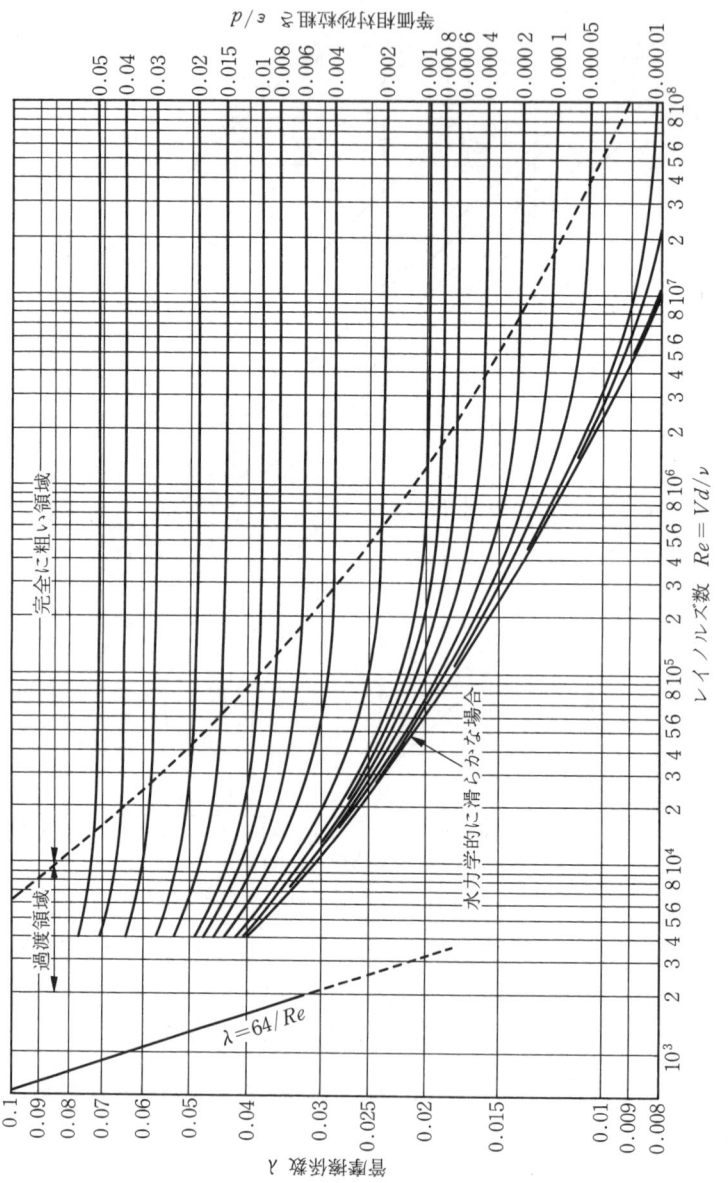

図 7.14 ムーディ線図

と考える。円管の場合，$m=d/4$ となり，円形断面以外の流路に対する管摩擦損失ヘッド h は式（7.23）の d のかわりに $4m$ を用いる。

$$h_f = \frac{\Delta p}{\rho g} = \lambda \frac{l}{4m} \frac{v^2}{2g} \qquad (7.31)$$

この場合，レイノルズ数も代表長さとして円管の直径 d のかわりに $4m$ を用い（すなわち $Re=4mv/\nu$），このレイノルズ数に対応する円管の λ の値を使って，式（7.32）による損失ヘッドを推定することができる。

7.4 管路の諸損失

損失ヘッドには，粘性による摩擦損失ヘッド以外に，流路の断面形や形状の変化に伴い流れのはく離や渦の発生などによるエネルギー損失がある。この損失は，管路の形状，流れ方向変化，合流や分岐などのさまざまな条件によりその値が異なり，ほとんど実験的に与えられる。通常，損失ヘッドを式（7.32）で表す。

$$h_v = \zeta \frac{v^2}{2g} \qquad (7.32)$$

ここで，ζ は**損失係数**（coefficient of head loss）と呼ばれる無次元数である。

以下に代表的な例について考える。

7.4.1 断面積が急変する場合の損失

〔1〕 **急 拡 大 管** 図 7.15（a）に示すように，管の断面積が A_1 から A_2 に不連続に変化する場合，上流から流入する流体はその接合部ですぐさま管の広い部分を満たすことができず，噴流の状態となって壁から離れ，管の接合部の隅に渦流の領域が現れる。このため，エネルギーが失われ，粘性に基づく圧力損失を生じる。このときの損失 h_s は，式（4.31）に示したように

$$h_s = \zeta \frac{V_1^2}{2g}, \quad \zeta = \left(1 - \frac{A_1}{A_2}\right)^2 \qquad (7.33)$$

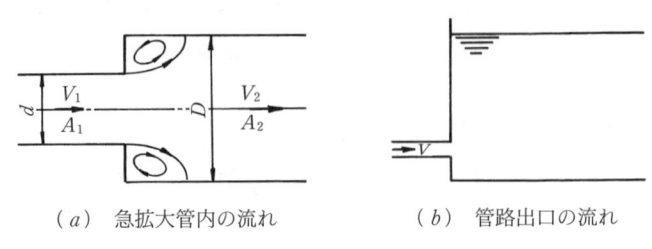

(a) 急拡大管内の流れ　　　(b) 管路出口の流れ

図 7.15　急拡大管

となる。実際には，補正係数 ξ を掛けた式（7.34）を用いる。

$$h_s = \xi \left(1 - \frac{A_1}{A_2}\right)^2 \frac{V_1^2}{2g} \tag{7.34}$$

レイノルズ数の比較的大きい実験によると，急拡大のときの ξ の値は断面積比 A_1/A_2 によって少し変化するが，1に近い値である。**図 7.15**（b）のような管路出口においては $V_2=0$ であり，損失 h_s は式（7.35）で表される。

$$h_s = \zeta \frac{V_1^2}{2g} \tag{7.35}$$

〔2〕**急縮小管**　　図 7.16 のように，管の内径が急激に減少する場合には二つの管の接合部より流れがはく離し，いったん収縮した後，断面3まで広がる。流れが加速されるときの損失はきわめて少なく，減速するときには急拡大と同様な損失が起こる。式（7.33）と同様に式（7.36）となる。

$$h_s = \frac{(V_c - V_2)^2}{2g} = \left(\frac{A_2}{A_c} - 1\right)^2 \frac{V_2^2}{2g} = \left(\frac{1}{C_c} - 1\right)^2 \frac{V_2^2}{2g} \tag{7.36}$$

ここで，$C_c = A_c/A_2$ を**収縮係数**（coefficient of contraction）という。

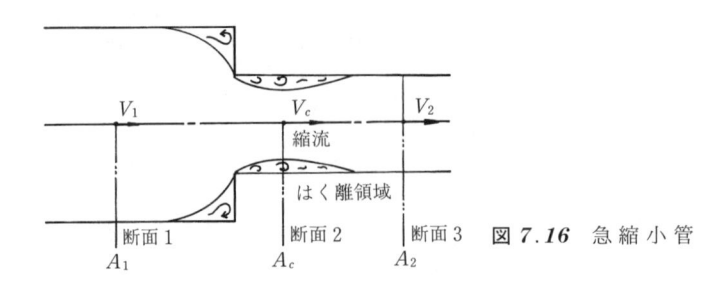

図 7.16　急縮小管

つぎに，大きな容器から管路に流入する場合には，$A_2/A_1 \to 0$ となり，一般に C_c の値は最小となる．このとき，管の入口形状によりはく離の状態が変化し，損失係数の値が異なってくる．これらの値を図 7.17 に示す．このうち (d) や (e) のように容器内に管が突入した入口を**ボルダの口金**（Borda's mouth piece）という．

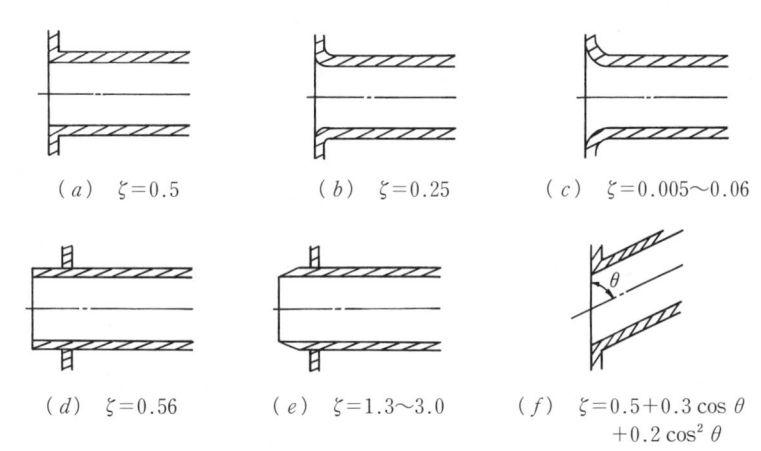

(a) $\zeta = 0.5$
(b) $\zeta = 0.25$
(c) $\zeta = 0.005 \sim 0.06$
(d) $\zeta = 0.56$
(e) $\zeta = 1.3 \sim 3.0$
(f) $\zeta = 0.5 + 0.3 \cos\theta + 0.2 \cos^2\theta$

図 7.17 入口形状と損失係数

図 7.18 のように管のなかに**絞り**を入れた場合，急拡大管と同様に圧力損失を生じる．絞り前後の圧力差を測定することにより管を通る流量が求められる．絞りにはチョーク，オリフィス，ノズルの3種類があるが，面積が減少する管路でその長さが断面寸法に比べ比較的長い絞りをチョークと呼ぶ．

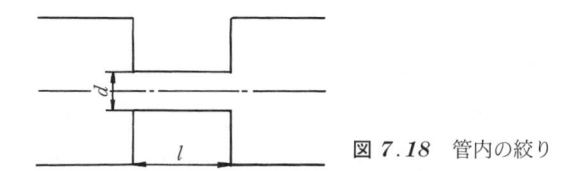

図 7.18 管内の絞り

7.4.2 断面積が緩やかに変化する場合の損失

〔1〕 **ディフューザ**　図 7.19 のように，断面積が緩やかに広がる管を

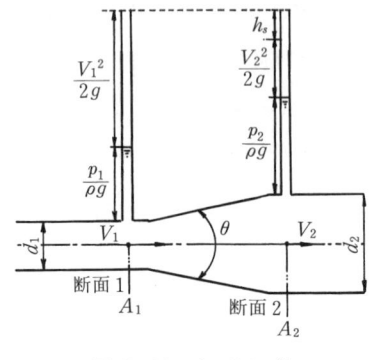

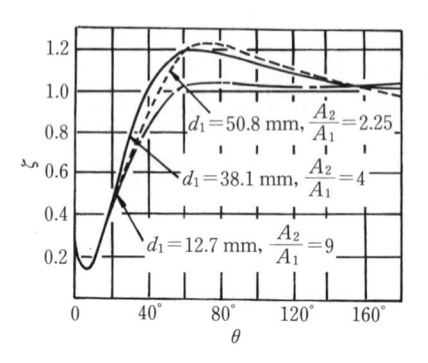

図 7.19 広がり管　　　　図 7.20 広がり管の損失係数

ディフューザ (diffuser) といい，流れのもつ速度エネルギーを圧力に変換する場合に用いられる．損失ヘッドは急拡大の場合の式 (7.34) と同じように

$$h_s = \xi\left(1 - \frac{A_1}{A_2}\right)^2 \frac{V_1^2}{2g} \tag{7.37}$$

と表される．円形広がり管に対する ξ の値は図 7.20 のようになる．ξ の値は θ により異なり，円形断面の場合 $\theta = 5°30'$ で最小となり $\xi = 0.135$ となる．

2次元ダクトの場合，θ が小さいと壁効果（コアンダ効果）により流れは一方の側壁に付着して流れる．円管の場合は θ が ξ の最小値を超える角度より大きくなれば管路壁面から流れははく離し，損失ヘッドが急激に増加する．

図 7.19 において粘性のある流れでは，損失を生ずるから広がった後の流れの圧力は p_2 となり，しかもその最大値は広がった後少し下流に現れる．いま，この圧力上昇と理論的な圧力上昇との比 η は

$$\eta = \frac{p_2' - p_1}{p_2 - p_1} = \frac{p_2' - p_1}{(\rho/2)(V_1^2 - V_2^2)} \tag{7.38}$$

となる．これは運動エネルギーの減少が圧力のエネルギーの増加として回収される割合を示し，これを**広がり管の効率** (diffuser efficiency) あるいは**圧力回復率**という．θ が大きくなると，管の断面は急激に拡大し圧力が十分に回復できず η は減少するが，θ が小さい場合には，管の長さが長くなりはく離が起こらず，摩擦のみの損失となり η は増加する．

7.4.3 流れの方向が変化する場合の管の損失

〔1〕ベンド 図 *7.21* に示すように緩やかに曲がる管を**ベンド** (bend) という。曲がり中央の断面 AB では遠心力の作用により外側の圧力が高くなり，内側では逆に低くなる。したがって，内側では A 点の圧力は低いので A 点より下流にいくに従い圧力は上昇する。また，外側では B 点の圧力が高いから，曲がりはじめから B 点に至るまで流れに沿って圧力が上昇する。

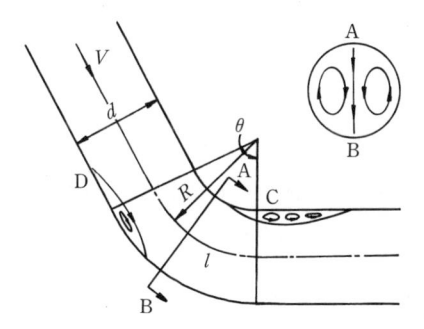

図 *7.21* ベンド

曲がりが急で，流れ方向に大きな圧力上昇が生ずるときは，ベンドの内側の後ろ半分（C 点付近）で流れがはく離する。また外側の前半部でも（D 点付近），規模は小さいがはく離を生ずることがある。

管の中心部の流体は，遠心力によりベンドの外側に突き当たるように進むが，この流れはやがて管壁面に沿ってベンドの内側のほうへ回り込むように進み，1 対の向かい合った渦が壁の横断面内に生ずる。この流れは管の主流に垂直な断面内の流れであるので，これを**2次流れ** (secondary flow) という。ベンドを出た流れは，この 2 次流れと管の軸方向との流れが合成されて 1 対の向かい合うらせん状の流れとなる。

ベンドによる全損失ヘッド h は，ベンド部分の管摩擦損失とはく離や 2 次流れなどによる損失を加え

$$h = \zeta \frac{V^2}{2g} = \left(\lambda \frac{l}{d} + \zeta_b'\right) \frac{V^2}{2g} \tag{7.39}$$

と表される。ここで，ζ は全損失係数，λ は管摩擦係数，ζ_b' は流れが曲げら

れるための損失係数である。l はベンドの中心線の長さ，d は管の内径である。表 7.1 に各種ベンドの損失係数 ζ の値を示す。なお，曲がり部分に案内羽根を設ければ，損失ヘッドは非常に小さくなる。

表 7.1 各種ベンドの損失係数 ζ

壁面状態	$\theta°$ R/d	1	2	3	4	5
滑らか	45	0.14	0.14	0.08	0.08	0.07
	60	0.19	0.12	0.095	0.085	0.07
	90	0.21	0.135	0.1	0.085	0.105
粗 い	90	0.51	0.51	0.23	0.18	0.2

〔2〕 エ ル ボ　管が図 7.22 に示すように急激に曲がる管を**エルボ** (elbow) という。エルボは角があるので流れがはく離し，ベンドに比べ大きい損失を生ずる。エルボによる損失ヘッド h は

$$h = \zeta \frac{V^2}{2g} \qquad (7.40)$$

で表される。表 7.2 に各種エルボの損失係数 ζ の値を示す。

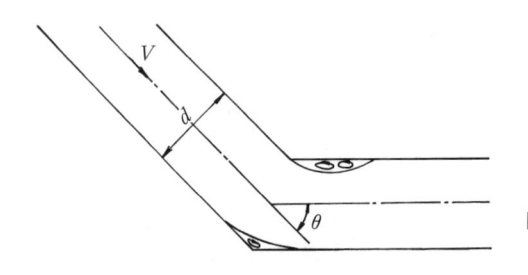

図 7.22 エルボ

表 7.2 各種エルボの損失係数 ζ

$\theta°$	5	15	30	45	60	90
滑らか	0.016	0.042	0.13	0.236	0.471	1.129
粗 い	0.024	0.044	0.165	0.32	0.687	1.265

7.4.4　分岐管と合流管の損失

一つの管が二つ以上に分岐する場合，または逆に管路が合流して一つの管路

になる場合，流れの速度の大きさや方向が変化するので損失を生ずる．

図 7.23 (a) に示すように，分岐管では管摩擦損失以外に 1 から 2 への曲がり損失 $h_{1,2}$ を生じ，1 から 3 への流れの広がり損失 $h_{1,3}$ を生ずる．

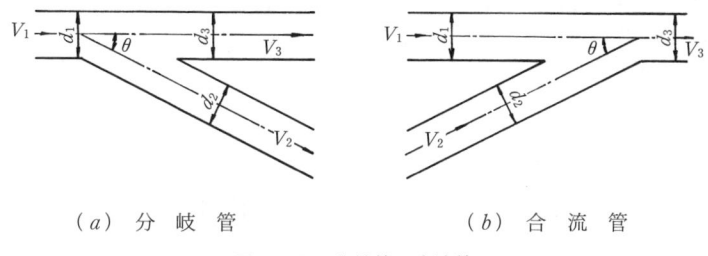

(a) 分 岐 管 　　　　　　(b) 合 流 管

図 7.23　分岐管と合流管

$$h_{1,2} = \zeta_{1,2} \frac{V_1^2}{2g}, \quad h_{1,3} = \zeta_{1,3} \frac{V_1^2}{2g} \tag{7.41}$$

一方，図 7.23 (b) に示すように合流管では管摩擦損失以外に 1 から 3 への流れの狭まり損失を生じ，2 から 3 への流れに曲がり損失 $h_{2,3}$ を生ずる．

$$h_{1,3} = \zeta_{1,3} \frac{V_3^2}{2g}, \quad h_{2,3} = \zeta_{2,3} \frac{V_1^2}{2g} \tag{7.42}$$

損失係数 ζ の値は，分岐または合流角 θ や，分岐または合流部の角の丸み半径によって異なる．

7.5　管路系の総損失

流体を輸送するとき，種々の管路要素を組み合わせている．したがって，管摩擦やこれらの要素における損失の和が系全体の総損失となる．摩擦損失ヘッド h_f と，形状変化に伴う損失ヘッド h_v を含めた拡張したベルヌーイの式は式 (7.43) のようになる．

$$\frac{u_1^2}{2} + \frac{p_1}{\rho} + gz_1 = \frac{u_2^2}{2} + \frac{p_2}{\rho} + gz_2 + \Sigma gh_f + \Sigma gh_v \tag{7.43}$$

さらに，断面 1 と 2 との間に，ポンプのように流体にエネルギーをヘッド

H_P のかたちで与えるもの，およびタービン（水車）のように，エネルギーを流体からヘッド H_R のかたちで取り出すものを含む場合は，式（7.44）となる．

$$\frac{u_1^2}{2}+\frac{p_1}{\rho}+gz_1+gH_P = \frac{u_2^2}{2}+\frac{p_2}{\rho}+gz_2+gH_R+\Sigma gh_f+\Sigma gh_v \quad (7.44)$$

図 **7.24** に示すようにポンプによる水の揚水を考える．ポンプが与える H_P は

$$H_p = (z_2-z_1)+\Sigma h_f+\Sigma h_v = H_a+h$$

となる．ポンプが水に与えるヘッドを**全揚程**（total head）といい，両水面の高さの差 H_a を**実揚程**（actual head）と損失ヘッド h との和である．総損失 h は，管摩擦損失と弁などの各要素による損失の和であるが，吸込み側損失 h_s と吐出し側損失 h_d の和としても表せる．

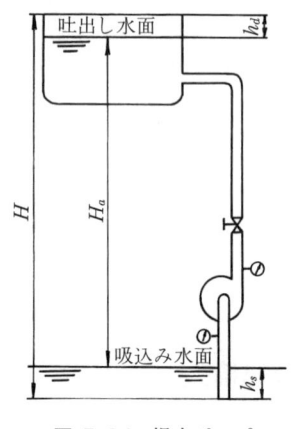

図 7.24 揚水ポンプ　　図 7.25 揚程曲線

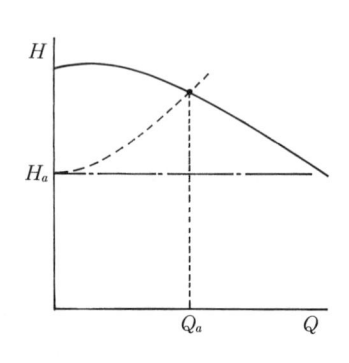

単位時間当りにポンプを通過する水の体積を揚水量という．ポンプが水に与えるエネルギーは gH 〔J/kg〕であるから，水に与えるエネルギー L_w〔W〕は

$$L_w = \rho g QH \quad (7.45)$$

となる．これを水動力（water power）という．

ポンプに必要な動力 L_s を**軸動力**という。ポンプの効率 η は

$$\frac{L_w}{L_s} = \eta \qquad (7.46)$$

で表される。ポンプに供給されたエネルギーは，そのまま水に伝えられるのではなく，ポンプ内での損失があるから $\eta<1$ となる。

図 7.25 に示すように，揚水量 Q と全揚程 H との関係を表す曲線を**揚程曲線**という。一般に管路の総損失 h は管内平均流速の 2 乗に，したがって，揚水量 Q の 2 乗に比例する。この h と H_a の和を Q に関して図示したものを**抵抗曲線**という。なお，揚水量は図に示すように揚程曲線と抵抗曲線との交点で与えられる。

ポイント

(1) 流体が秩序正しく層状に整然と流れる状態を層流といい，乱れにより流体粒子が激しく混合して流れる状態を乱流という。これらの流動状態はレイノルズ数 Re の値で決定される。

(2) 流れの状態（層流か乱流）により速度分布やエネルギー損失の式はまったく異なる。円管内流れの速度分布は，層流の場合，5 章で説明したハーゲン・ポアズイユ流となり，乱流の場合では対数法則〔式(7.20)〕に従う。

(3) 円管内のエネルギー損失はダルシー・ワイスバッハの式により計算される。このとき，管摩擦損失係数 λ は層流で $64/Re$ となり，乱流では Re と管の粗さも影響し，実験式またはムーディ線図から求める必要がある。

(4) 直管以外の管付属品では，断面積の変化や流れの方向変化などによる種々のエネルギー損失を生ずる。それらのエネルギー損失は，実験的に求めた損失係数 ζ から算出する。

演 習 問 題

【1】 内径 20 mm の円管における層流の速度分布が $u = 1.6 - kr^2$（ここで，k は未知定数とし，r は円管中心からの距離とする）で与えられる場合，流量ならびに管壁のせん断応力を求めよ．粘性係数は 30 mPas とする．

【2】 比重 0.852，粘性係数 0.10 Pas の油が内径 300 mm，長さ 3 km の水平鋳鉄管路内を流れている．流量が 44.5 l/s であるときの管摩擦損失ヘッドを求めよ．

【3】 内径 30 mm の水平管路内を温度 20° の水が流れているとき，以下の問いに答えよ．
  （1） 毎分 0.002 m³ の水が流れている場合，この管路 100 m 当りの損失ヘッド，管中心の速度，そして管壁面のせん断応力を求めよ．
  （2） 毎分 0.14 m³ の水が流れている場合，この管路 100 m 当りの損失ヘッドを求めよ．また，滑らかな管内の乱流速度分布が対数法則に従うものとし，管中心の速度を求めよ．

【4】 同じ断面積と長さをもつ円管と正方形断面の管を流れる乱流において，管摩擦による損失ヘッドが等しいとき，平均速度の比を求めよ．なお，両者の管摩擦係数は等しいものとする．

【5】 問図 7.1 のように，タンク A からタンク B へ密度 0.2 g/cm³ の液をくみ上げている．くみ上げ高さは 10 m で，内径 10 mm の管を用いている．輸送量は 100 kg/h としたときポンプの軸動力を求めよ．ただし，ポンプの効率 η は 50 % とし，ポンプの損失を除く全管路系の損失を速度ヘッドの 12 倍とする．

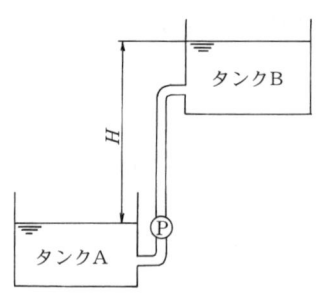

問図 7.1

8

自由表面をもつ流れ

　河川，運河，溝，用水路の流れのように，自由表面をもつ水の流路を水路という。水路の流れでは自由表面をもつため流速や流量の変化に応じて水深が変化したり波が発生するなど，前章で説明した管内の流れとは異なる特性を示す。本章では，水路の流れの特性について述べる。

8.1 流れの状態

　水路（channel）には天然の河川，人口の運河，溝，用水路，また水が完全に満たしていないトンネルや下水道などがある。このうち壁面上部が図 *8.1* (*a*) に示すように大気に対し開いている水路を**開きょ**あるいは**開水路**（open channel）といい，また，図 (*b*) に示すように閉じている水路を**暗きょ**あるいは**閉水路**（closed channel）という。いずれの場合も水路内に自由表面をもち，流体は水路底の勾配により流動する。

　水路の流れの状態は，前章で述べた流路の水力平均深さ m を代表長さに，

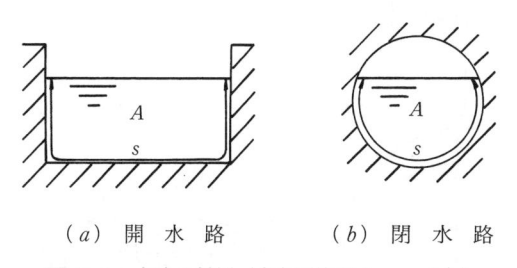

　　　　　　(*a*) 開　水　路　　　　(*b*) 閉　水　路
　　　　図 *8.1*　水路の種類（水力平均深さ $m = A/s$）

平均速度 V を代表速度とするレイノルズ数

$$Re = \frac{mV}{\nu} \qquad (8.1)$$

を用いて区別される。$Re<500$ で層流域，$500<Re<2000$ が遷移域，$Re>2000$ で乱流域となる。いま，水路流れの低臨界レイノルズ数を $Re=500$ として，円管内流れの低臨界レイノルズ数と対応させると m は直径の 1/4 になる。実用上，ほとんどの水路では m が大きく流れは乱流である。したがって，水路の壁面上の摩擦応力 τ_0 は速度の 2 乗に比例し，摩擦係数はレイノルズ数に無関係で壁面の粗さのみにより決定される。

　水路の流れの状態はまた，**定常流**あるいは**非定常流**，**一様流**または**非一様流**に分類することができる。非定常流では，せきの水門開閉時などにみられるような水路内の流れの一点における速度や水深が時間とともに変化する場合であり，このとき，水路を流れる流量も変化する。一方，定常流では，時間的に流れの状態が変化しない流れであり，流量も一定となる。

　図 8.2 は，貯水池から幅および壁面の粗さ一定の水路 ABCD を通って流体が定常的に流れる場合を示す。貯水池の入口 A 点では，流体が急速に流れるため水深が減少する。この流れを増速流（加速流）という。このとき，流速の増加に伴い壁面の摩擦力が増大し，水深や流速が流れ方向に変化する非一様な流れとなる。B から C 点では水の重力と水路壁面の摩擦力のつりあいによって一定の速度と水深をもつ一様な流れとなる。C 点から下流では水路底の勾配が減少するため流体が急速に減速する非一様な流れとなる。D 点より下流では B〜C 間より深い水深の一様流となる。

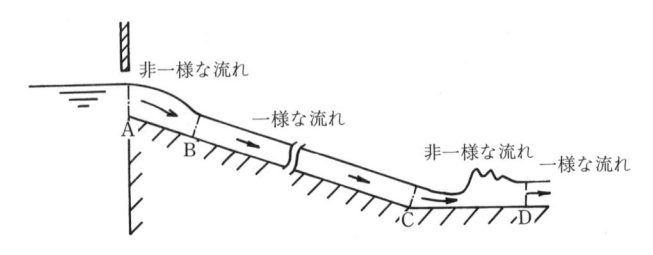

図 8.2 水路の流れの状態

定常で一様な流れは，断面形状や壁面の状態および水路底の勾配が一定の長い直線水路において生じ，流れ方向に一定の水深となる。これに対し，定常ではあるが非一様な流れでは，流れ方向に水深が変化する。非定常な一様流はほとんど起こらないが，非定常な非一様流は自然界においてしばしば起こり，解析は困難である。水の波などがこの例である。

一般に水路の横断面における流速は，流体のもつ粘性の作用により固体壁においてゼロであり，壁面から離れるに従って増加する。横断面の形状が長方形の場合には，水路の深さ方向の速度分布が図 8.3 のようになり，最大速度は水面からの深さ $(0.05〜0.25)\,h$ に生じる。また，平均速度は水面下約 $0.6\,h$ の速度とほぼ一致する。以下の解析では，すべてこの平均速度 V で取り扱い，流れは乱流であると仮定する。

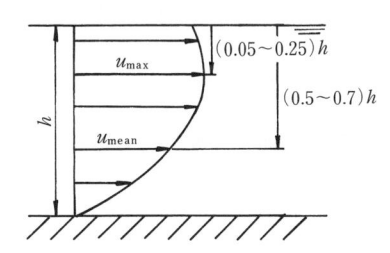

図 8.3　水路の深さ方向の速度分布

8.2　一様な流れの平均速度

開きょでは，自由表面をもち，重力の作用により流れる。いま，図 8.4 に示すように断面一定，底面の勾配角 θ の開きょ内を一定速度 V で水が流れているとする。

任意の距離 l だけ離れた二つの断面の間にある水に働く力のつりあいを考える。ただし，水深は一定とし静水圧によって断面に作用する力はつりあう。したがって，流体の流れの方向には重力による力と粘性による摩擦力とがつりあう。

開きょの断面積を A，ぬれ縁の長さ s，壁面のせん断応力の平均値を τ_0 と

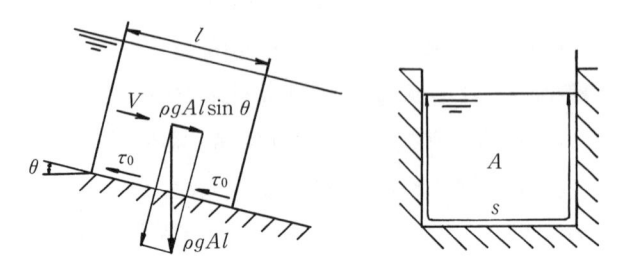

図 8.4 開きょ内流れの力のつりあい

すれば，式 (8.2) が成立する。

$$\rho g A l \sin \theta = \tau_0 s l \tag{8.2}$$

一方，壁面の摩擦応力 τ_0 は摩擦係数 λ を用いて $\tau_0 = (\lambda/2)\rho V^2$ と表す。これを式 (8.2) に代入すると

$$V = \sqrt{\frac{2g}{\lambda} m \sin \theta} \tag{8.3}$$

を得る。ここで，$m = A/s$ である。一方，底面の勾配角 θ が微小であると

$$\sin \theta = \tan \theta \approx \theta \tag{8.4}$$

となり，平均速度は結局

$$V = C\sqrt{m\theta} \tag{8.5}$$

を得る。ここで $C = \sqrt{2g/\lambda}$ である。式 (8.5) は**シェジー**（Chezy）**の公式**と呼ばれ，C を**流速係数**という。この式は水路ばかりでなく，管路にも用いられてきた。なお，C は無次元ではないので m の単位に注意を要する。シェジーの係数 C の代表的な実験公式を以下に示す。ただし，m および V の単位は m, m/s とする。

1) **バザン**（Bazin）**の公式**：

$$C = \frac{87}{1 + (\alpha/\sqrt{m})} \tag{8.6}$$

2) **マニング**（Manning）**の公式**：

$$C = \frac{1}{n} m^{1/6} \tag{8.7}$$

ここで，a および n の値は，水路壁面の状態によって決まる定数であり，**表 8.1** にその値を示す．なお，式 (8.7) は直接 V を与える指数公式のうちで代表的なものである．

表 8.1　Manning の式の n，Bazin の式の a の値

壁面の状態	n	a
滑らかな木板など	0.010〜0.013	0.06
れんが，モルタル，切石積など	0.013〜0.017	0.46
粗いコンクリートなど	0.016〜0.020	1.3

水路の流量は，マニングの公式 (8.7) を用いると式 (8.8) で与えられる．

$$Q = AV = AC\sqrt{m\theta} = A\frac{1}{n}m^{2/3}\theta^{1/2} = \frac{1}{n}A^{5/3}s^{-2/3}\theta^{1/2} \quad (8.8)$$

8.2.1　最良断面形状

式 (8.8) から，開きょ内の流れの断面積 A が一定で，C および θ が一定の場合には，ぬれ縁の長さ s を最小にすれば，平均流量 Q は最大となる．すなわち，シェジーの式によれば，与えられた流れの断面積 A と勾配 θ に対し，水力平均深さ m の値が最大のとき，平均流速 V が最大で，結局，流量 Q が最大となる．すべての幾何形状のうち，円は与えられた面積に対し最もぬれ縁の長さが短く水力平均深さの値が大きく，大きな流量を得ることができる．ここでは，長方形水路および円形水路を取り上げる．

〔**1**〕**長方形水路の場合**　図 8.5 の場合，ぬれ縁の長さ s が最小になる断面を求める．s は長方形水路では

$$s = b + 2h = \frac{A}{h} + 2h$$

で与えられるから，これを h で微分すると

$$\frac{ds}{dh} = -\frac{A}{h^2} + 2 = 0$$

$$\therefore\ A = 2h^2$$

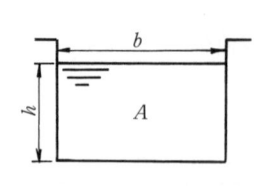

図 8.5 長方形水路 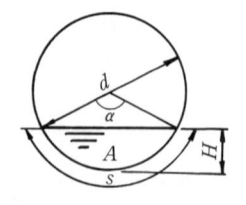　　図 8.6 円形水路

$$\therefore \quad \frac{h}{b} = \frac{1}{2} \quad \therefore \quad b = 2h \tag{8.9}$$

となる。すなわち，V ならびに Q を最大にするには，水路の深さを幅の半分にすればよい。開きょを建設するのに要する材料も経済的になる。式 (8.9) より最大の平均速度 $V_{\max}$ および平均流量 $Q_{\max}$ は式 (8.10) となる。

$$V_{\max} = C\sqrt{m\theta} = C\sqrt{\frac{A}{s}\theta} = \frac{C}{2}\sqrt{b\theta}$$

$$Q_{\max} = AV_{\max} = \frac{b^2}{2}\frac{C}{2}\sqrt{b\theta} = \frac{C}{4}\sqrt{\theta}\,b^{5/2} \tag{8.10}$$

〔2〕 **円形水路の場合**　水が充満しないで流れている円形開きょにおいて，流れの断面積を A，円の直径を d，水深を H，ぬれ縁の長さを s，ぬれ縁が中心に張る角を α とする。したがって，図 8.6 に示すような円形水路では，ぬれ縁の長さ s と面積 A は式 (8.11) で表される。

$$s = \frac{d}{2}\alpha$$

$$A = \frac{\pi d^2}{4}\frac{\alpha}{2\pi} - \left(\frac{d}{2}\sin\frac{\alpha}{2}\right)\left(\frac{d}{2}\cos\frac{\alpha}{2}\right) = \frac{d^2}{8}(\alpha - \sin\alpha) \tag{8.11}$$

ゆえに，水力平均深さ m は

$$m = \frac{A}{s} = \frac{d}{4}\left(1 - \frac{\sin\alpha}{\alpha}\right) \tag{8.12}$$

となる。直径 d と勾配が一定な円形開きょにおける平均流速 V の最大は，シェジーの式のように水力平均深さ m が最大のときに得られるから，$dm/d\alpha = 0$ の条件から

$$\frac{\mathrm{d}m}{\mathrm{d}\alpha} = -\frac{d}{4}\left(\frac{\alpha\cos\alpha-\sin\alpha}{\alpha^2}\right) = 0$$

となる．したがって，$\tan\alpha=\alpha$ となり $\alpha=(103/72)\pi$ を得る．ゆえに，水面の高さ H は $H=(d/2)\{1-\cos(\alpha/2)\}$ で与えられる．一方，最大流量 Q はシェジーの式を用いると

$$Q = AV = CA\sqrt{m\theta} = C\sqrt{\theta}\sqrt{\frac{A^3}{s}}$$

となる．Q の最大は $\mathrm{d}(A^3/s)/\mathrm{d}\alpha=0$ の条件から

$$3s\frac{\mathrm{d}A}{\mathrm{d}\alpha} - A\frac{\mathrm{d}s}{\mathrm{d}\alpha} = 0$$

より，結局

$$3\frac{d}{2}\alpha\left\{\frac{d^2}{8}(1-\cos\alpha)\right\} - \frac{d^2}{8}(\alpha-\sin\alpha)\frac{d}{2} = 0$$

となり

$$2\alpha - 3\alpha\cos\alpha + \sin\alpha = 0$$

より，$\alpha=(77/45)\pi$ で水面の高さは

$$H = \frac{d}{2}\left(1-\cos\frac{\alpha}{2}\right) = 0.95d$$

で与えられる．

8.2.2 常流と射流および限界水深

図 8.7 に示すような開きょのある断面において，底から高さ z の点 A の速度を V，A 点と水面との圧力差を p とすれば，基準面からの全ヘッド H_0 は

$$H_0 = \frac{V^2}{2g} + \frac{p}{\rho g} + z + z_0 \tag{8.13}$$

となる．いま水路の深さを h とすれば

$$h = \frac{p}{\rho g} + z \tag{8.14}$$

より，全ヘッド H_0 は式 (8.15) のように表される．

図 8.7 開きょのある断面 **図 8.8** 長方形断面の水路

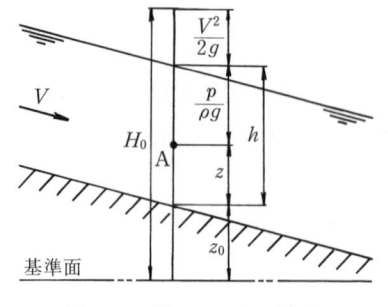

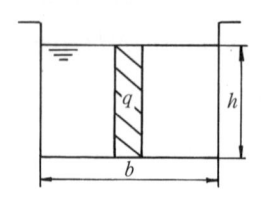

$$H_0 = \frac{V^2}{2g} + h + z_0 \tag{8.15}$$

水路底を基準とした全ヘッドを**比エネルギー**（specific energy）といい，単位重量当りのエネルギー（J/N＝m）を表し，これを E とすれば

$$E = h + \frac{V^2}{2g} \tag{8.16}$$

で与えられる。

いま，この水路を図 8.8 に示されるような長方形断面の水路とし，幅を b とし，流量を Q，単位幅当りの流量を q とすれば，$Q=qb$ であり，断面積は $A=bh$ より平均流速 V は

$$V = \frac{Q}{A} = \frac{q}{h} \tag{8.17}$$

となる。したがって，式 (8.16) は

$$E = h + \frac{1}{2g} \frac{q^2}{h^2} \tag{8.18}$$

あるいは

$$q = h\sqrt{2g(E-h)} \tag{8.19}$$

で与えられる。これら関係式は，開きょの流れを解析するうえで重要である。ここでは3個の変数 q，E，h のうち1個を固定して残り2個の変数の関係について考える。

〔**1**〕 **比エネルギー E が一定の場合**　流量が最大となる水深 h は，式

(8.19) を h で微分してゼロとおけば求まる。すなわち

$$\frac{dq}{dh} = \sqrt{2g}\left(\sqrt{E-h} - \frac{1}{2}\frac{h}{\sqrt{E-h}}\right) = 0 \quad \therefore \quad h_c = \frac{2}{3}E \quad (8.20)$$

となる。この h を**限界水深**（critical depth）という。式 (8.20) を式 (8.19) に代入すると，比エネルギー E を一定とする最大流量 q_{max} が求まり

$$q_{max} = \sqrt{gh_c{}^3} \quad (8.21)$$

を得る。さて，式 (8.18) を書き換えると $h^3 - Eh^2 + q^2/(2g) = 0$ となり，これは h に関する 3 次式であるから，$E = $ 一定の場合，一つの q に対して h は三つの根をもつ。しかし，q および h は正の条件から両者の関係を図示すると**図 8.9** のようになる。図からわかるように比エネルギー E が一定の場合，最大流量 q_{max} より小さい流量に対し水深が二つ存在することになる。図中の曲線 AB は水深が限界水深 h_c より深く，流れが遅い場合で**常流**（subcritical flow）といい，一般に開きょの底面の勾配が緩やかな場合の流れである。一方，曲線 BC は水深が h_c より浅く流れの速い場合の流れであり**射流**（supercritical flow）といい，勾配が急な場合の流れである。常流と射流の二つの状態は流量，開きょの形状，壁面の粗さ，そして勾配などの諸条件によりたがいに移り変わる。

〔2〕 **単位幅流量 q が一定の場合**　式 (8.18) より，比エネルギー E と水深 h との関係を三つの単位幅流量 q', q'', q''' に対して**図 8.10** に示す。

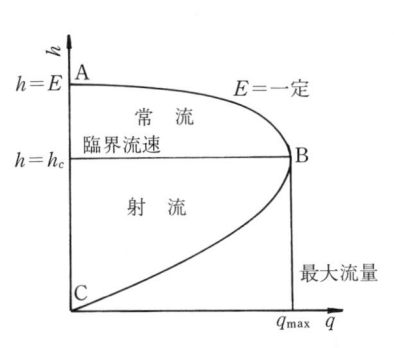

図 8.9　比エネルギー一定の曲線

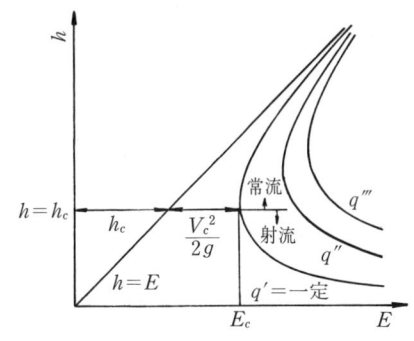

図 8.10　単位幅流量一定の曲線

比エネルギーを最小にする水深がそれぞれ流れに対する限界水深となり，式 (8.18) から

$$\frac{dE}{dh} = 1 - \frac{q^2}{gh^3} = 0 \quad \therefore \quad h_c = \sqrt[3]{\frac{q^2}{g}} \tag{8.22}$$

を得る。さて，式 (8.20) を式 (8.16) に代入すると

$$E = h_c + \frac{V_c^2}{2g} = \frac{2}{3}E + \frac{V_c^2}{2g} \quad \therefore \quad V_c = \sqrt{gh_c} \tag{8.23}$$

を得る。この速度 V_c を**限界速度** (critical velocity) といい，流れの状態が常流であるか射流であるかは，速度ヘッドが水深の1/2より小さいか大きいかにより判断できる。なお，限界速度 V_c はつぎの 8.4.1 項で述べる波の伝播速度に等しく，水深が限界水深より大きい場合，すなわち流速が限界流速 V_c より小さく流れが常流の場合は，波の伝播速度は流速より大きいため，下流で生じた波は図 8.11 に示すように上流へ伝わり上流側の水面全部が高くなる。しかし，流速が V_c より大きい射流の場合は，波の伝播速度が流速より小さくなり上流へ伝わらない。これらのことは，圧縮性流体の亜音速流と超音速流における現象によく似ている。

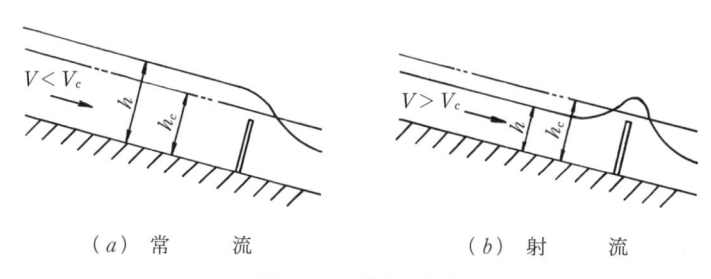

(a) 常流　　　　　　　(b) 射流

図 8.11　常流と射流

限界水深 $h_c = 2E/3$ において比エネルギーは式 (8.23) から

$$E_c = h_c + \frac{h_c}{2} = 1.5h_c \tag{8.24}$$

となる。

〔3〕 **水深 h が一定の場合**　　式 (8.16) より，比エネルギーと単位幅流

量との関係をプロットすると，図 **8.12** のようになる。すなわち，比エネルギーは単位幅流量の増加に伴い放物線的に増加する。

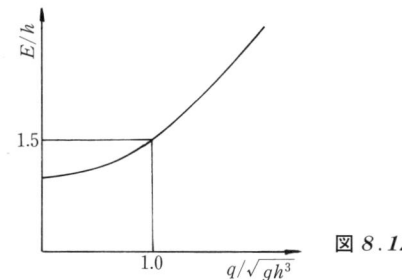

図 **8.12** 比エネルギーと単位幅流量の関係

8.3 非一様な流れと跳水

射流の流れは不安定であり，これを減速する場合，流れの水面が突然盛り上がり常流に移行する。この現象を**跳水**（hydraulic jump）という。例えば，図 **8.13** のようにせき（堰）から流出した直後の流れは射流となるが，それより下流ではそのまま射流を続けることができず，水深が急に増し常流に移行する。

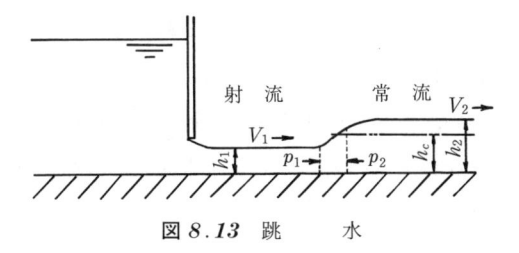

図 **8.13** 跳　水

跳水が生じた領域の水深は，この現象に運動量の法則を適用することにより得られる。いま開きょを水平にとり摩擦損失を無視し，跳水前後の速度を V_1, V_2，水深を h_1, h_2 とすると，運動量の法則から

$$\rho V_2^2 h_2 - \rho V_1^2 h_1 = \frac{1}{2}\rho g h_1^2 - \frac{1}{2}\rho g h_2^2$$

となる。また，質量保存則から

$$V_1 h_1 = V_2 h_2$$

となる。したがって

$$h_2 = -\frac{1}{2}\left(h_1 - \sqrt{h_1^2 + 8\frac{V_1^2 h_1}{g}}\right) \quad (8.25)$$

を得る。また，跳水前後のエネルギーの変化は

$$\Delta E = \left(\frac{V_2^2}{2} + gh_2\right) - \left(\frac{V_1^2}{2} + gh_1\right) = -\frac{gh_1}{4}\frac{\{(h_2/h_1)-1\}^3}{h_2/h_1} \quad (8.26)$$

となり，実際にはエネルギーが減少すなわち，$\Delta E < 0$ となる。これに応じて $h_2 > h_1$ となり，跳水現象が発生すると水深が大きくなる。つまり，跳水が発生すると，エネルギーを消費して流れは射流から突然常流へ急激に変わり，水面に渦を伴う大きな乱れが発生する。

8.4 水 の 波

開きょなどの自由表面をもつ流れでは，水の表面に波が生ずる。波には音波や津波，そして地震波など多くの種類があるが，水の表面にできる波（**水面波**）は重力や表面張力が復元力をもたらし，**横波**（transverse wave）として流体中を伝播することのできる代表的な波（**波動**ともいう）の一つである。波は，ばねなどの振動とは異なり，その周期的運動が媒質を通して空間をつぎつぎに伝わる現象をいい，波が進行する際，媒質はその位置で振動を繰り返すだけで媒質自体は進まない。水の表面にできる水面波の波の伝播特性は，水深や波長，波の振幅の大小により異なる。

8.4.1 波の基礎方程式

流体が最初静止していて何らかの原因で水面がわずかに高まり，それが一定の速度で1方向に進行する場合を考える。平衡状態からの自由表面の変位を η とすると，x 軸の正の向きに速度 c_p で進行する波，すなわち，**進行波**（progressive wave）は一般的に

$$\eta = a \sin(kx - \omega t) \tag{8.27}$$

のように空間 x と時間 t とを独立変数とする正弦波として表される。ここで，a は波の振幅 (m)，k は波数 (rad/m)，そして ω は角振動数 (rad/s) である。いま，時間 t を固定したときの波の波長を λ [m]，空間 x を固定したときの波の周期を T [s] とすれば

$$\lambda = \frac{2\pi}{k}, \quad T = \frac{2\pi}{\omega} \tag{8.28}$$

の関係を得る。波が進行する速度は，一定位相の移動する速さに等しく，式 (8.28) の $kx - \omega t =$ 一定から式 (8.29) で表される。

$$c_p = \frac{dx}{dt} = \frac{\lambda}{T} = \frac{\omega}{k} \tag{8.29}$$

この波の速度を**位相速度** (phase velocity) という。

いま，簡単のため水路の底が水平で幅が一定の長方形断面をもち，水深 h の水の表面に波が生じた場合の波の伝播特性について考える。ただし，水は縮まない理想流体，すなわち非粘性とし，水路壁面に摩擦はないと仮定する。また，波の振幅は波長や水深に比べ極端に小さいとする。このような状況では，図 **8.14** に示すように波は一定の速度 c_p で伝播するが，水面近くの流体要素はほとんど円に近い周期運動を繰り返し，平均としては移動しない定常流となってベルヌーイの定理が適用できる。

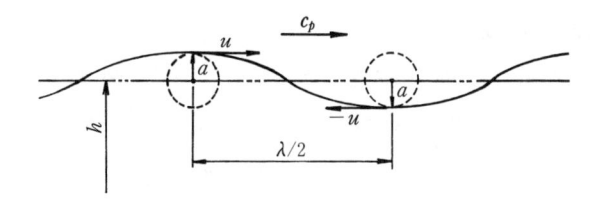

図 **8.14** 深い水の波

いま，波表面の水の描く円の半径を a とし，この円運動の周期を T とすればその円周速度は $u = 2\pi a / T$ で表され，式 (8.29) より流体要素の速度は

$$u = \frac{2\pi a c_p}{\lambda} \tag{8.30}$$

となる。波の山での流体要素の速度を u，また，波の谷での速度を $-u$ とすれば波とともに動く座標系では，波の山と谷における流体要素の速度はそれぞれ，$u-c_p$ と $-u-c_p$ で与えられる。一方，波の波長 λ が水深に比べ小さい場合には，表面張力の影響が著しくなり，水面の圧力を一様に大気圧 p_0 に等しいと考えることができなくなる。すなわち，水面の曲率半径を r，単位長さ当りの表面張力を σ とすれば，波の山では水面の圧力は大気圧よりも σ/r だけ高く，波の谷では逆に σ/r だけ大気圧より小さくなる。水面を進行する波を正弦曲線とすれば，波の山あるいは谷における曲率半径は近似的に $r=\lambda^2/(4\pi^2 a)$ で与えられる。したがって，水面でのベルヌーイの式は

$$\frac{1}{2}\rho(u-c_p)^2+\rho g(h+a)+p_0+\frac{4\pi^2 a\sigma}{\lambda^2}$$
$$=\frac{1}{2}\rho(u+c_p)^2+\rho g(h-a)+p_0-\frac{4\pi^2 a\sigma}{\lambda^2} \qquad (8.31)$$

と表される。これを整理すると

$$uc_p = ga+\frac{4\pi^2 a\sigma}{\rho\lambda^2}$$

となる。これに式（8.30）を代入すると波の伝播速度は式（8.32）となる。

$$c_p = \sqrt{\frac{g\lambda}{2\pi}+\frac{2\pi\sigma}{\rho\lambda}} \qquad (8.32)$$

8.4.2 波の分類

式（8.32）を用いて波の伝播速度と波長との関係を**図 8.15** に示す。図からわかるように，伝播速度 c_p は波長 λ が $2\pi\sqrt{\sigma/(\rho g)}$ に等しいとき，最小値 $c_{pm}=\sqrt[4]{4g\sigma/\rho}$ をとる。このときの波長を**臨界波長** λ_m という。式（8.32）からもわかるように，波長が臨界波長より短いとき（$\lambda<\lambda_m$）には，重力に比べ表面張力の影響が卓越し，逆に波長が臨界波長より長いとき（$\lambda>\lambda_m$）には表面張力に比べ重力の影響が卓越し，前者を**表面張力波**，後者を**重力波**という。これまでの解析では，波の波長が水深に比べ極端に短い場合を仮定しており，これは水たまりや池に枯葉や雨粒が落ちてできる波紋，風や船によってつくら

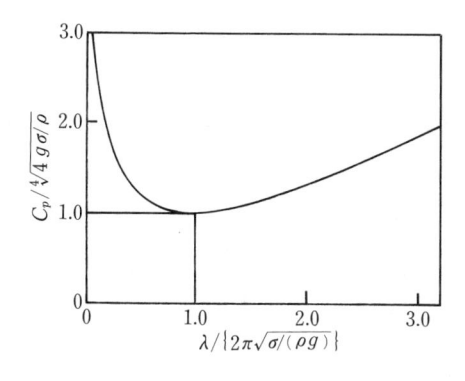

図 **8.15** 波の伝播速度と波長の関係

れる海の小波に相当する。一般に，波の波長が水深に比べ小さい波を**深水波**という。

波長が水深に比べ長くかつ波の振幅が水深に比べ小さい場合を仮定すると，式 (8.31) において表面張力の影響が無視でき波の伝播速度は

$$c_p = \sqrt{gh} \tag{8.33}$$

となる。これは浅い水の波（**浅水波**）の伝播速度で，水深の平方根に比例し，振幅や波長に影響しない。太平洋を横切る津波は海の深さに比べ波の波長が長く，浅水波とみなすことができる。

ポイント

(1) たいていの実用水路では，レイノルズ数が大きいため流れは乱流であり，壁面のせん断応力は速度の2乗に比例し，摩擦係数はレイノルズ数にほぼ無関係で壁面の粗さのみにより定まる。水路の流れが常流か射流かは，平均速度 V が波の伝播速度 $\sqrt{gh}$ に比べ小さいか大きいかにより

コーヒーブレイク

津波の伝播速度

津波は地震や地すべりなどが原因で発生する大波であり，大規模な波動運動である。太平洋の深さを約 4 000 m とすれば津波の伝播速度 c ≒ 198.06 m/s ≒ 713.01 km/h にも達し，これはジェット旅客機の巡航速度に近い速度に匹敵する。水たまりや池にできる波の速度はどれくらいだろうか。

分類される。

（2） 跳水現象は，射流から常流に急に変化する場合に起こる。

（3） 水面上を波が進行する際，水面下の水粒子の軌道は深水波ではほぼ円軌道でありその回転方向は時計回りとなる。また，水面下鉛直方向に円運動の半径はほぼ直線的に減少し，水底でゼロ，つまり静止する。

（4） 水の波は表面張力波と重力波に分類される。これを分ける波長を臨界波長 λ_m といい，およそ 1.7 cm となり，伝播速度はおよそ 23 cm/s となる。

演 習 問 題

【1】 直径 2.7 m の金属でつくられた半円形状の開きょがある。水が完全に満たされて流れている場合，6.325 m³/s の流量を流すには，底面の勾配をいくらにすればよいか求めよ。粗さ係数 $n=0.022$ とする。

【2】 開きょを流体が一様に流れている場合，壁面の摩擦係数を λ とすれば，壁面のせん断応力が $\tau_0 = (\lambda/8)\rho V^2$ で表されることを示せ。

【3】 幅 0.6 m，高さ 0.4 m の長方形断面をもつ開きょを木材で製作し，流量 0.5 m³/s を得る。必要な勾配を求めよ。ただし，マニングの式を用いて，n の値を 0.01 とする。

【4】 幅 12 m の長方形水路に，水深 1.2 m で 14 m³/s の水が流れている。この流れが常流となるか射流となるか答えよ。また，マニングの式を用いて $n=0.017$ としたとき，一様な流れとなるための水路の底面勾配を求めよ。

【5】 水深が 5 cm の浅底水槽がある。いま水の表面に生じた波の波長が 2 cm のとき，波の伝播速度を求めよ。また，表面張力の影響があるとしたときの伝播速度を求めよ。

【6】 浅水波の波の伝播速度は $c_p = \sqrt{gh}$ となる。ベルヌーイの式を適用して，この式を導け。

9

境界層と物体に働く流体力

　自動車や新幹線あるいは飛行機がいかに空気抵抗を減らせるか，なぜ飛行機が空中に浮くことができるのかを考える。20世紀はじめに提案された，物体近くの流れ（境界層）と物体から離れたところの流れ（主流）とに分けて考えることがきわめて有効である。本章は，平板に沿って流れる場合の境界層と，円柱周りの境界層を理解する。

9.1 物体の抵抗と境界層の概念

　速度が U_∞ の**一様流**（uniform flow）中に物体が置かれたとき，あるいは静止流体中を物体が速度 U_∞ で移動するとき，物体は流体から力を受ける。その力は流れ方向（物体が移動する場合にはその逆方向）の力と，それに垂直な方向の力に分解して考える。前者を物体に働く**抗力**（drag）あるいは**抵抗**（resistance）といい，後者を**揚力**（lift）という。流れのなかに平板や円柱を置いた場合には，主として抗力が働き，翼や回転円柱を置いた場合には，**図 *9.1*** に示すように抗力と揚力が同時に作用する。

　物体に作用する力のうち，抗力はつぎのようにして求められる。いま，**図 *9.2*** に示すように物体表面の微小面積 dA に作用する圧力を p，単位面積当りの摩擦力（せん断応力）を τ とすると，圧力による力 pdA は dA に垂直に作用し，摩擦による力 τdA は接線方向に作用する。ここで，微小面積 dA の法線と一様流の速度 U_∞ とのなす角を θ とすると，これら力の流れ方向の成分はそれぞれ，$pdA\cos\theta$ および $\tau dA\sin\theta$ となり，これを物体の表面全体にわ

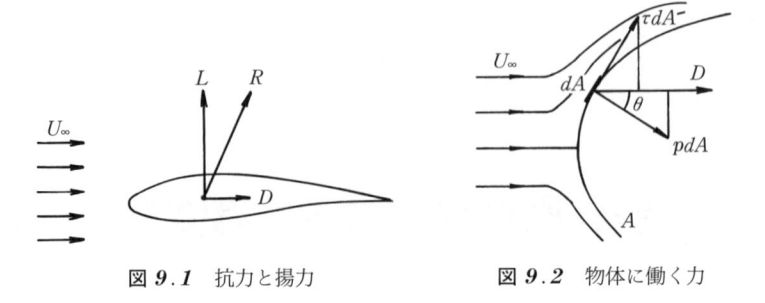

図 9.1　抗力と揚力　　　　図 9.2　物体に働く力

たり積分すると

$$D_p = \int_A p \cos\theta \, dA, \quad D_f = \int_A \tau \sin\theta \, dA \tag{9.1}$$

を得る。D_p を**圧力抵抗**（pressure drag）あるいは**形状抵抗**（form drag）といい，D_f を**摩擦抵抗**（friction drag）という。D_p は物体表面に作用する圧力に起因する抵抗であり，D_f は流体の粘性に起因する抵抗である。したがって，流体が非粘性流体の場合には，物体には圧力抵抗のみが作用する。物体が受ける**全抗力**（total drag）D は

$$D = D_p + D_f \tag{9.2}$$

となる。物体の形状による D_p と D_f が占める割合は**表 9.1** に示すようになり，物体の形状が流線形に近いと圧力抵抗の占める割合は小さくなる。

表 9.1　形状の違いによる D_p と D_f の割合

形　　状	圧力抵抗 D_p	摩擦抵抗 D_f
	0 %	100 %
	約 90 %	約 10 %
	100 %	0 %

物体に作用する揚力は，これら力の流れ方向に垂直な成分を物体表面全体にわたって積分することにより求められる。

一般に物体が受ける抵抗の値については，物体の形状，流れのレイノルズ数の影響を強く受けるため，実用上，一様流の動圧 $\rho U_\infty^2/2$ と流れ方向に垂直な平面への物体の投影面積 S との積により，式（9.3）で与えられる。

$$D = C_D \frac{1}{2} \rho U_\infty^2 S \tag{9.3}$$

ここで，C_D は**抗力係数**（drag coefficient）と呼ばれる無次元数で，レイノルズ数と形状により変化する。

図 **9.3** のように，流体の粘性を無視した理想流体中に置かれた円柱の周りの流れを考える。一様流れの圧力を p_∞，速度を U_∞ とすれば，円柱表面の任意の点における流速は，**3.6** 節で説明した理想流体のポテンシャル理論を用いて

$$v_\theta = 2U_\infty \sin \theta \tag{9.4}$$

で与えられる。したがって，円柱表面上の圧力はベルヌーイの定理を適用して

$$p_\infty + \frac{\rho U_\infty^2}{2} = p + \frac{\rho v_\theta^2}{2}$$

より

$$\frac{p - p_\infty}{\rho U_\infty^2/2} = 1 - 4\sin^2 \theta \tag{9.5}$$

が得られる。図 **9.4** に円柱上半面の無次元圧力分布を角 θ に対して示す。円柱表面の圧力は $\theta = 90°$ で最小値をもち（速度は $2U_\infty$ の最大値をもつ），$\theta = 0°$

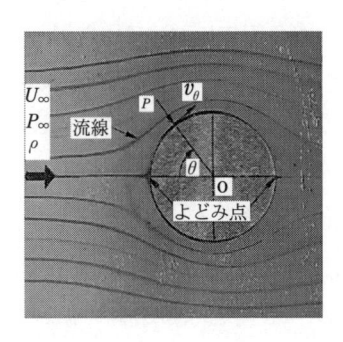

図 **9.3** 円柱周りの流れ

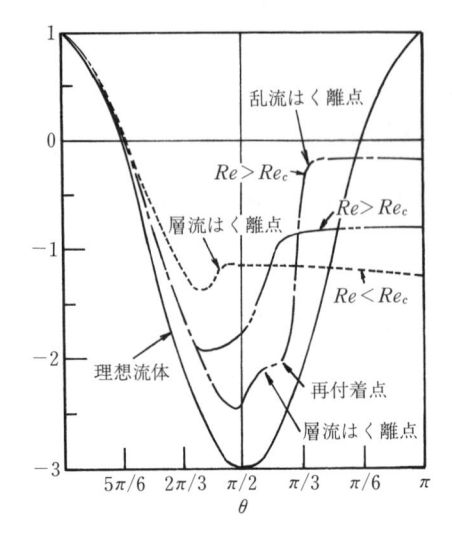

図 **9.4** 円柱周りの圧力分布

および 180° で最大値をもつ〔速度はゼロとなり，この点を**よどみ点**（stagnation point）という〕。なお，$\theta=180\sim360°$ の円柱下半面に対しても同じ結果が得られ，結局，円柱周りの圧力分布は流れの前後および上下に対して対称となる。非粘性の仮定から円柱に働く摩擦抵抗はゼロとなるが，円柱表面上の圧力分布を積分して得られる圧力抵抗もゼロとなり，結果として理想流体中に置かれた円柱には何らの抵抗も受けないことになる。しかし，実際の流体ではいかなる物体も必ず抵抗を受け，この結果と矛盾する。実際の流れとは矛盾するこのことを**ダランベール**（d'Alembert, 1717～1783）**の背理**（paradox）という。

上述の矛盾を明らかにするため，実際の流体において円柱周りの流れを可視化した結果を図 **9.5** に示す。円柱から十分遠く離れた領域の流線は図 **9.3** の理想流体の流れとよく似ている。しかし，円柱近傍の流線は円柱の途中からはがれ（これを流れのはく離という），円柱背後に渦を生じ両者の結果に大きな違いがみられる。

プラントル（L. Prandtl, 1875～1953）は，この矛盾を明らかにするため，① 物体表面にきわめて近い薄い層と，② それより外側の領域の主流に分け

9.1 物体の抵抗と境界層の概念

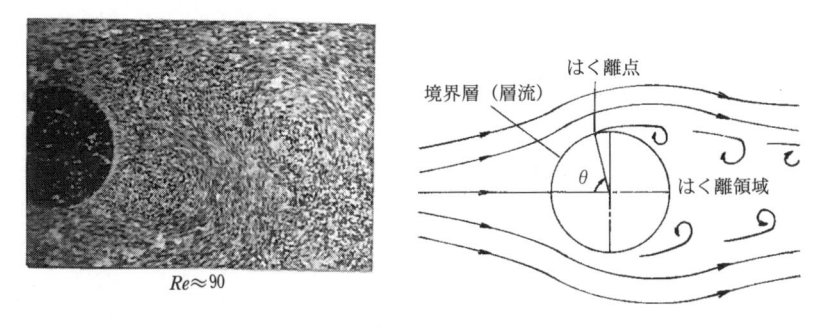

図 9.5 カルマン渦列とはく離

別々な扱いを考えた。前者の①を**境界層** (boundary layer) といい，後者の②を**主流** (main flow) と呼ぶ。境界層内では流体の粘性による影響がきわめて強く現れるため，物体表面上で流体は，図 9.6 に示すように壁面上に付着し速度はゼロとなるが，壁面垂直方向に向かって速度は急激に増加し，ついには主流の速度に一致する。その結果，壁面上には大きな速度勾配が生じ大きなせん断力が作用する。

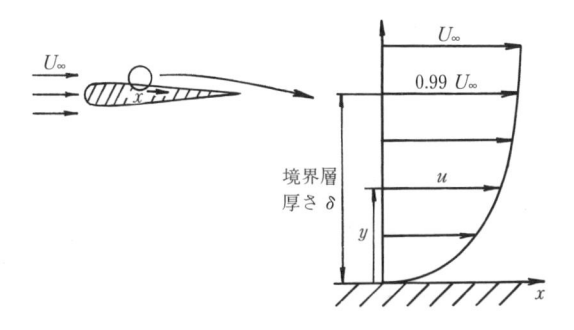

図 9.6 物体表面近くの境界層

一方，主流では流体の粘性による影響が無視できる領域であり理想流体と同様な流れとなっている。この境界層の概念こそ近代流体力学の出発点であり，物体に働く抗力などの計算が比較的容易になった。結局，物体周りの流れ場は図 9.7 に示すように，物体壁面近傍の境界層の領域，この境界層が物体後方で物体から離れて渦を伴う速度の遅い流れ場である**後流** (wake) の領域，そして，これら領域以外の理想流体とみなせる主流の領域に分類することができ

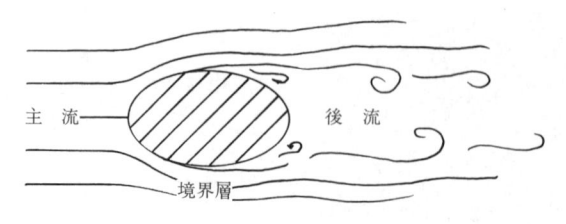

図9.7 物体周りの流れ場

る。なお，図9.6に示したように境界層内では流体の速度がゼロから急激に増加するので，主流の速度 U_∞ の 99% に達したときの壁面からの距離 δ を**境界層の厚さ**（thickness of boundary layer）といい，流れ方向に連続的にその厚みを増す。

境界層の特性を表す量として，**排除厚さ**（displacement thickness）δ^* と**運動量厚さ**（momentum thickness）θ が式 (9.6) のように定義される。

$$\delta^* = \frac{1}{U_\infty}\int_0^\infty (U_\infty - u)\,\mathrm{d}y = \int_0^\infty \left(1 - \frac{u}{U_\infty}\right)\mathrm{d}y \tag{9.6}$$

$$\theta = \frac{1}{\rho U_\infty^2}\int_0^\infty \rho u(U_\infty - u)\,\mathrm{d}y = \int_0^\infty \frac{u}{U_\infty}\left(1 - \frac{u}{U_\infty}\right)\mathrm{d}y \tag{9.7}$$

これら式 (9.6), (9.7) の積分範囲の上限は，結局 $u = U_\infty$ となる y の値となる。δ^* は図9.8 (a) において二つの陰影部の面積を等しくする位置であり，境界層の生成により物体が非粘性流体中にある場合に比べ δ^* だけ大きくなることに相当する。一方，物体壁面の存在による単位時間当りの運動量の

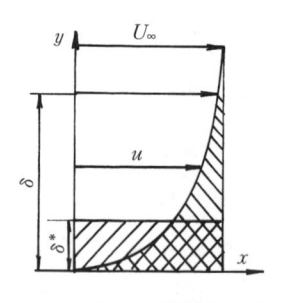

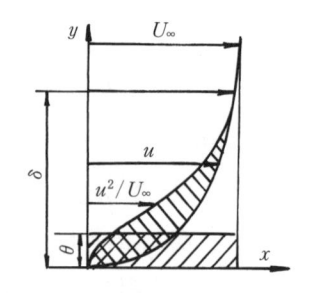

(a) 排除厚さ δ^* (b) 運動量厚さ θ

図9.8 境界層の厚さ

減少が，速度 U_∞ で厚み θ の部分を単位時間当りに通過する運動量と等しいような θ を運動量厚さという。

境界層の流れにおいては，管内流れと同様に Re の大きさにより**層流境界層** (laminar boundary layer) と**乱流境界層** (turbulent boundary layer) とに分けられる。

いま図 **9.9** のように，速度が U_∞ の一様流中に流れと平行に平板が置かれた場合，板の前縁付近では境界層内の流れは層流であるが，一般に下流では乱流となる。流れは層流から乱流に突然変わるのではなく，まず境界層内の速度が正弦波状の変動を示し，Re の増加に伴いこの変動が波〔トルミン・シュリヒチング波 (**T-S 波**)〕となって下流へと伝播するのに伴いしだいに成長し，**乱流斑点** (turbulent spot) と呼ばれる乱れの塊ができ，これが境界層を埋め尽くし完全な乱流境界層へと移行する。この T-S 波から乱流境界層が形成される領域を**遷移領域** (transition zone) という。

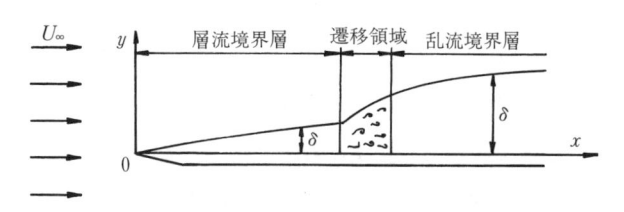

図 **9.9**　境界層の流れの遷移

9.2　境界層方程式

流体が非圧縮性で定常な境界層内の流れを考える。境界層内の流体の速度は，図 **9.6** に示したように，物体表面に垂直方向の速度成分 v は接線方向の速度成分 u に比べて十分小さく無視できる。また，境界層内の圧力は物体表面垂直方向に一定で，流れ方向にのみ変化し，その値は境界層外の主流の圧力に等しい。したがって，式 (5.7) に示したナビエ・ストークス方程式から，境界層内の運動方程式は式 (9.8) および式 (9.9) で表される。

$$\rho\left(u\frac{\partial u}{\partial x}+v\frac{\partial u}{\partial y}\right)=-\frac{\partial p}{\partial x}+\mu\frac{\partial^2 u}{\partial y^2} \tag{9.8}$$

$$\frac{\partial p}{\partial y}=0 \tag{9.9}$$

連続の式は式 (9.10) のようになる.

$$\frac{\partial u}{\partial x}+\frac{\partial v}{\partial y}=0 \tag{9.10}$$

式 (9.8)～(9.10) を**層流の境界層方程式** (boundary layer equation of laminar flow) という.

9.3 境界層のはく離

前節でも述べたように,境界層内の圧力は層外の圧力に等しく,したがって,主流の流れ方向に圧力勾配をもつ流れはそのまま境界層中に作用する.いま,図 **9.10** に示すような主流の圧力勾配が下流に向かって上昇 ($dp/dx>0$) している場合,主流の流れは減速するものの,流速が大きく慣性が大きいため,この圧力上昇に打ち勝って下流まで進むことができる.しかし,境界層内の流れは速度が小さく圧力上昇を受ける距離が長いと,その運動エネルギーを使い果たしてついには静止する.その結果,壁面上から境界層がはがれることになる.この現象を境界層の**はく離** (separation) といい,その**はく離点** (separation point) は,壁面上の垂直方向の速度勾配がゼロとなる位置,すな

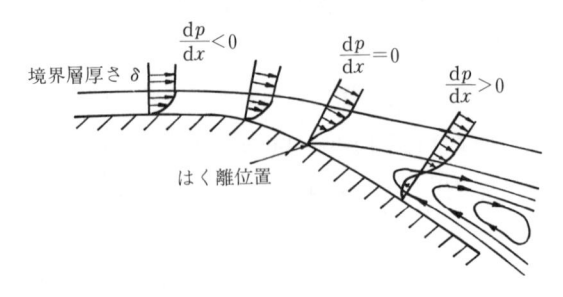

図 **9.10** 境界層のはく離点付近の流れ

わち

$$\left(\frac{\mathrm{d}u}{\mathrm{d}y}\right)_{y=0}=0 \tag{9.11}$$

で与えられる．はく離して逆流を生じると，境界層内の流れは壁面を離れて主流の領域に押し出され，渦の層である不連続面を形成する．この渦の層はしだいに成長して大きな渦となり，物体の後方で複雑な流れの後流となる．境界層のはく離は，層外の流れ方向に主流の圧力上昇があると起こしやすく，この圧力上昇の程度が著しいほどはく離の規模も大きく，結果として物体の抵抗も増加することになる．流れの方向に圧力が降下する場合や，平板に沿う流れのように圧力一定の場合には，上述のはく離は起こらない．

　粘性のある実際の流体では，円柱表面に沿う流線は図 **9.5** および図 **9.11** に示すように $Re = U_\infty d/\nu$ の値により流れの状態が大きく異なる．

　図 **9.11**（a）の $Re \approx 1$ では，流れは円柱からはく離しない．このとき，流線は円柱の前後でほとんど対称となるが，粘性の影響が強く支配する流れ場である．円柱に働く摩擦抵抗と圧力抵抗はほぼ同じ大きさである．図（b）の $Re \approx 20 \sim 30$ の範囲では，境界層ははく離し，円柱の後方に1対の回転方向が反対の対称な渦を生じる．この対の渦を**双子渦**（twin vortex）という．$Re \approx 40 \sim 70$ 付近では，この渦は後方に伸びて不安定となり，周期的な振動を始める．

　さらに，図 **9.5** に示した $Re \approx 90$ 付近では，この対称な渦は円柱に付着していることができず，はく離するが，この渦は上下交互に周期的に放出される．この渦列を**カルマン渦列**（Karman vortex sheet）という．カルマン渦が発生すると，物体は周期的な力（これをマグヌス効果という）を受け，その結果，振動して音（これをエオルス音という）を発生する．野球やゴルフのボールがスライスしたり，電線が風に鳴る現象がこれに相当する．このとき流れのはく離点は $10^2 < Re < 2 \times 10^5$ で前方よどみ点から測って 80° 付近にある．図 **9.11**（c）の $Re \approx 3.8 \times 10^5$ 付近では，円柱背後の後流域で渦が複雑に混ざり合い，流れは時間的にも空間的にも不規則に変動する**乱流**（turbulent

144   9. 境界層と物体に働く流体力

(a) $Re \approx 1$

(b) $Re \approx 20 \sim 30$

(c) $Re \approx 3.8 \times 10^5$

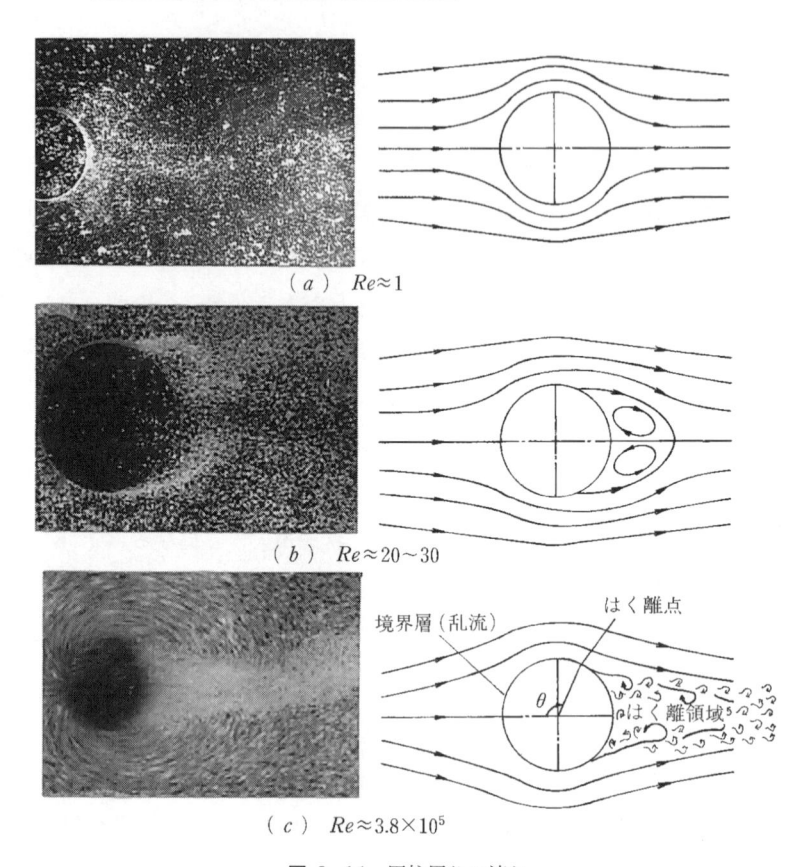

図 **9.11** 円柱周りの流れ

flow) となる。このとき流れのはく離点は 130° 付近の円柱後方へ後退する。つまり，流れのはく離は層流境界層においては前方よどみ点から 80° 付近に起こり，乱流境界層においては物体のより後方へ移動することになる。前者を**層**

── コーヒーブレイク ──

スポーツと流体力学

　スポーツの世界にも流体力学が強く関係する。例えば，ゴルフボールはなぜ凹凸（ディンプル）があるのか。また，野球には直球，カーブ，ホークボールなどさまざまな球種がある。これらの球種はどのように投げ，どのように変化するのだろう。ボールと空気との間にどのような力が働くのか考えてみよう。

流はく離 (laminar separation)，後者を**乱流はく離** (turbulent separation) という。

　$Re \approx 3.8 \times 10^5$ 付近ではく離点が突然円柱の後方へ移動するのは，円柱表面上に生ずる境界層が乱流境界層になり，流れの混合作用によって境界層外の主流の流れから層内の流れに向かって運動エネルギーが補給され，流れの下流まで進むことができるのである。

　流れのはく離が生じると，物体に働く抵抗は増大するとともに流路内の流れなどにおいては流れの損失を招く。翼型の揚力増大などの対策から物体表面に生ずる境界層のはく離を防止するための各種方法が提案されているが，これを**境界層制御** (boundary layer control) という。

9.4　境界層の遷移

　粘性のある実際の流れでは，$Re \approx 3.8 \times 10^5$ 付近の円柱表面上に形成される境界層は乱流境界層である。境界層内の流れにおいても管内流れと同様，層流境界層から乱流境界層へ移行し，この現象を**境界層の遷移** (transition of boundary layer) といい，境界層内の流れが層流から乱流に移行する Re を**臨界レイノルズ数** (critical Reynolds number) Re_c という。

　円柱周りの流れの Re が Re_c より小さいと，境界層は層流のままはく離するが，Re_c より大きいと境界層の流れはまず遷移を起こし，乱流境界層となってそのはく離点は円柱の後方へ移動する。後流に面した円柱表面の圧力分布は図 **9.4** に示したように理想流体よりもかなり低くなる。したがって，円柱表面には上流側に大きな圧力，下流側に小さな圧力が作用することになり，この圧力による力の合力として抵抗が働く。すなわち，円柱には流体の粘性による摩擦抗力のほかに圧力抵抗が働く。

　円柱表面に生ずるはく離点が後方に移動する場合，円柱後面に形成されるはく離の規模は小さく，またその後流の幅も小さく，結果として圧力抵抗が減少する。

図 **9.12** には，直径 d の円柱と球が一様な流れのなかに置かれているとき，式 (9.3) で定義される抗力係数 C_D と Re との関係をそれぞれ示す。$Re \approx 2\times10^3 \sim 2\times10^5$ 付近では C_D の値は円柱でおよそ 1.2，球でおよそ 0.4 とほぼ一定値をそれぞれ示す。しかし，$Re_c \approx 3\sim 4\times10^5$ で両者の C_D の値が円柱でおよそ 0.3，球でおよそ 0.1 まで著しく減少しており，それぞれの物体に作用する抗力が激減していることがわかる。

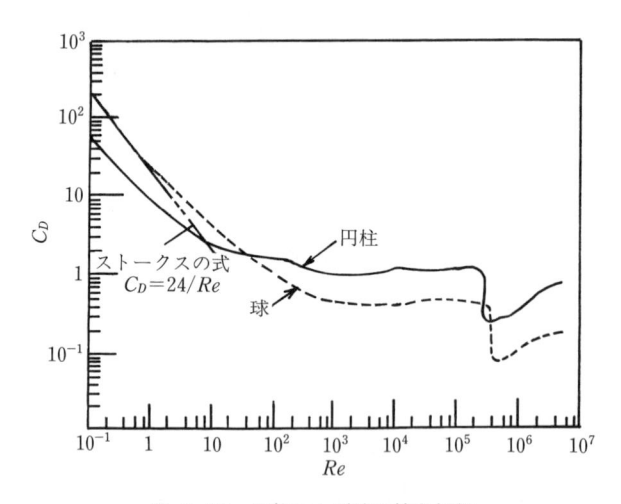

図 **9.12** 円柱および球の抗力係数

なお，球の周りの遅い流れは**ストークスの流れ**として知られており，理論計算の結果，その抗力の値は

$$D = 3\pi\mu U_\infty d \qquad (9.12)$$

で与えられる。この結果は $Re<1$ の範囲で実験値とよく一致する。

速度が U_∞ の一様流中に流れに平行に置かれた平板上には，図 **9.9** に示したようにその先端（前縁ともいう）から，平板に沿って境界層が発達する。先端からの距離 x と速度 U_∞ とを基準にした $Re=U_\infty x/\nu$ が 5×10^5 より小さい範囲では境界層は層流境界層で，2×10^6 以上の範囲で乱流境界層となる。この中間のレイノルズ数では前述した遷移領域を形成する。ここでは平板上に生じた層流境界層の流れについて述べる。

9.4 境界層の遷移

層流境界層内では，図 **9.13** に示す平板に作用する抗力は，摩擦抵抗のみが作用し圧力抵抗はゼロとなる．平板の表面に働くせん断応力 τ_0 は境界層内の流れに運動量の法則を適用することにより求められ，式 (9.13) の**境界層運動量方程式**を得る．

$$\tau_0 = \rho U_\infty^2 \alpha \frac{d\delta}{dx} \qquad (9.13)$$

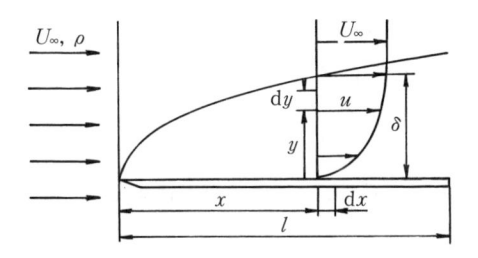

図 9.13 平板上の層流境界層

ここで，ρ は流体の密度であり，U_∞ は一様流の流れの速度，δ は境界層の厚さを示す．α は式 (9.14) の積分形式で与えられる境界層内速度分布の無次元関数を示す．

$$\alpha = \int_0^1 f(\eta)\{1 - f(\eta)\}d\eta \qquad (9.14)$$

ここで，$\eta = y/\delta$ として定義され $\delta = f(x)$ である．式 (9.13) は境界層内が層流でも乱流でも適用されるが，ここでは境界層内の流れが層流であると仮定し，その速度分布が円管内の層流と同様な放物線状の速度分布と仮定すれば

$$\eta = \frac{y}{\delta}, \quad \frac{u}{U_\infty} = 2\eta - \eta^2 \qquad (9.15)$$

を得る．一方，平板上の層流の摩擦応力はニュートンの粘性法則より，$\tau = \mu (du/dy)_{y=0}$ で与えられ，これを式 (9.13) と等しくおくことにより，層流境界層内の平板表面上の摩擦応力 τ_0 は式 (9.16) で与えられる．

$$\tau_0 = 0.365 \sqrt{\frac{\mu \rho U_\infty^3}{x}} = 0.73 \frac{\rho U_\infty^2}{2} \sqrt{\frac{\nu}{U_\infty x}} \qquad (9.16)$$

層流境界層の厚さ δ は，図 **9.14** に示すように $\sqrt{x}$ に比例して厚くなり，

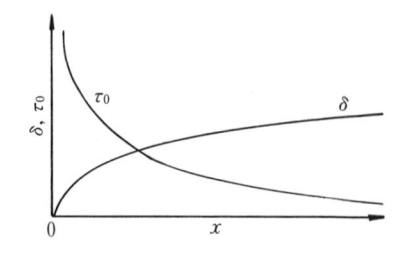

図9.14 平板上の層流境界層の厚さと摩擦応力

表面上の摩擦応力 τ_0 は $\sqrt{x}$ に逆比例して小さくなることがわかる。さらに，平板全体の単位幅当りの摩擦抵抗（片面）は積分して

$$D = \int_0^l \tau_0 \, dx = 0.73\sqrt{\mu\rho U_\infty^3 l} \tag{9.17}$$

となる。ここで，平板の摩擦抗力係数を C_f とすれば，抗力はまた

$$D = C_f l \frac{\rho U_\infty^2}{2} \tag{9.18}$$

で与えられることから，摩擦抗力係数 C_f は

$$C_f = \frac{1.46}{\sqrt{Re_l}}, \qquad Re_l = \frac{U_\infty l}{\nu} \tag{9.19}$$

となる。$Re_l < 5\times 10^5$ の範囲で実験値とほぼ一致する。

9.5 乱流境界層

これまで述べたように，速度が U_∞ の一様流中に置かれた円柱にしろ平板にしろ，レイノルズ数がある程度以上大きくなると，境界層内の流れは層流から遷移域を経て乱流に移行する。

層流境界層では運動量の粘性拡散に基づき渦が広がる範囲という意味をもつが，乱流境界層では単に物体壁面近傍で急な速度勾配の存在する範囲の層という程度の意味しかもたない。乱流による壁面せん断応力は，層流の場合に比べはるかに大きな値をもつ。したがって，摩擦抗力や損失は層流の場合に比べ大きくなる。しかし，乱流では前述したように主流から境界層内に運動エネルギーが補給されるため層流境界層に比べはく離しにくいという性質をもつ。

9.5 乱流境界層

円管内乱流と同じく乱流境界層においても，壁面にきわめて薄い層内では，乱れが抑制され層流に近い性質をもつ粘性底層が存在する．そしてその外側には不規則な乱れをもつ層があり，これを**内層**（inner layer）という．さらに外側の部分には**図 9.15** に示すような不規則な乱れと，乱れのない一様流とが交互に現れる**外層**（outer layer）と呼ばれる層が存在し，不規則な形状をしており，円管内乱流構造と相違する点である．いずれにせよ乱流境界層は層流境界層に比べはるかに複雑な構造をしており，その理論的取扱いは不可能であり，半経験的な手段にならざるをえないのが現状である．

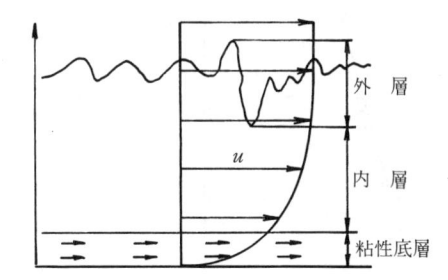

図 9.15 乱流境界層モデル

乱流境界層内の運動方程式は次式で与えられる．

$$\rho\left(\bar{u}\frac{\partial \bar{u}}{\partial x} + \bar{v}\frac{\partial \bar{u}}{\partial y}\right) = -\frac{\partial \bar{p}}{\partial x} + \frac{\partial \tau}{\partial y} \tag{9.20}$$

$$\tau = \mu\frac{\partial \bar{u}}{\partial y} - \rho\overline{u'v'} \tag{9.21}$$

$$\frac{\partial \bar{p}}{\partial y} = 0 \tag{9.22}$$

$$\frac{\partial \bar{u}}{\partial x} + \frac{\partial \bar{v}}{\partial y} = 0 \tag{9.23}$$

式（9.20）〜（9.23）を**乱流の境界層方程式**（boundary layer equation of turbulent flow）という．

速度が U_∞ の一様流中に平板が平行に置かれた場合，乱れの大きい普通の流れでは $Re > 5 \times 10^5$ 付近で乱流境界層に遷移する．レイノルズ数が十分大きく，平板全長にわたって乱流境界層であれば円管内乱流の場合の速度分布 1/7

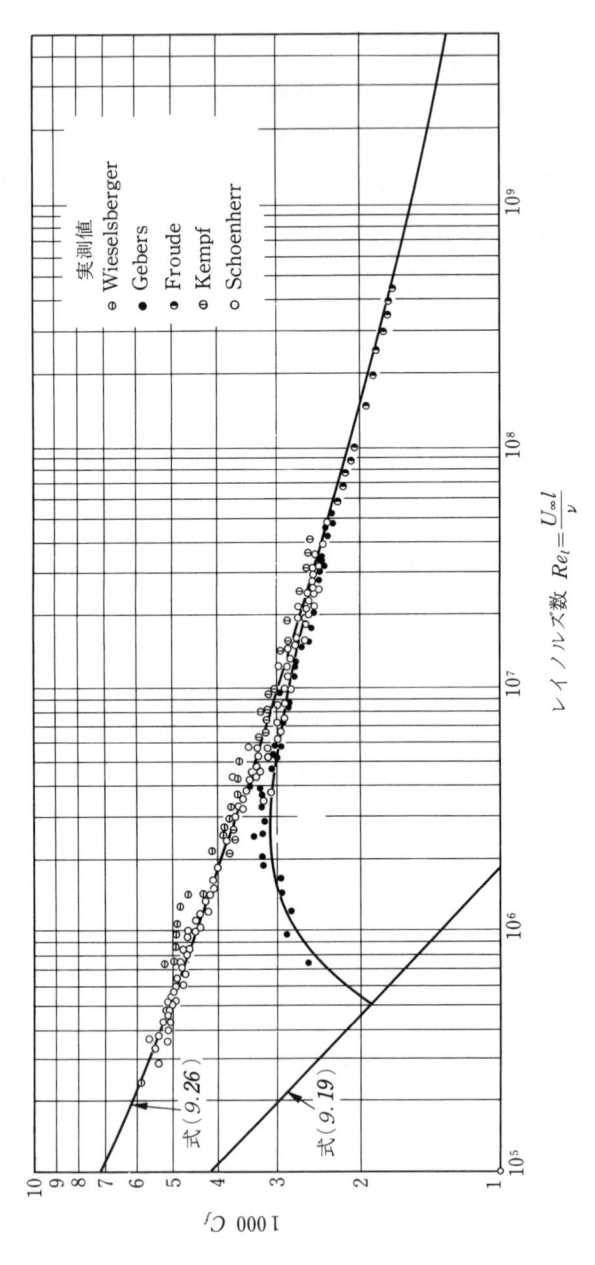

150　9. 境界層と物体に働く流体力

図 9.16　平板の摩擦抗力係数

乗法則に等しいと仮定すると，壁面摩擦応力は

$$\tau_0 = 0.023 \rho U_\infty^2 \left(\frac{\nu}{U_\infty \delta}\right)^{1/4} = 0.0294 \rho U_\infty^2 \left(\frac{\nu}{U_\infty x}\right)^{1/5} \quad (9.24)$$

となる．したがって，平板全体の単位幅当りの摩擦抵抗はこれを積分して

$$D = \int_0^l \tau_0 \, dx = 0.0367 \frac{\rho U_\infty^2 l}{Re^{1/5}}, \quad Re_l = \frac{U_\infty l}{\nu} \quad (9.25)$$

を得る．摩擦抵抗係数 C_f は，式 (9.18) より式 (9.26) で表される．

$$C_f = \frac{0.0735}{Re_l^{1/5}} \quad (9.26)$$

図 **9.16** に平板の摩擦抵抗係数の結果を示すが，実験結果とほぼ一致していることがわかる．層流と乱流境界層の C_f の値はレイノルズ数が同じ場合，管摩擦と同様に層流の摩擦抵抗係数が乱流の値に比べ小さくなる．

9.6 翼の揚力と抗力

一様な流れのなかに置かれた物体に働く抗力に比べ，流れに垂直方向の力，すなわち揚力が大きくなるような物体形状を**翼** (wing) という．飛行機の翼，プロペラや風車の羽根，水車の羽根車などには翼が用いられ，揚力を利用して仕事を行っている．

図 **9.17** に示すような翼断面の形状を**翼形** (airfoil section, aerofoil) という．図中の翼形の**前縁** (leading edge) と**後縁** (trailing edge) とを結ぶ線を**翼弦** (chord) といい，その長さを**翼弦長** (chord length) という．翼弦と一様流れの速度 U_∞ とのなす角 α を**迎え角** (attack angle) という．

翼断面の上面と下面との中点を結ぶ線を**そり線** (camber line) という．上

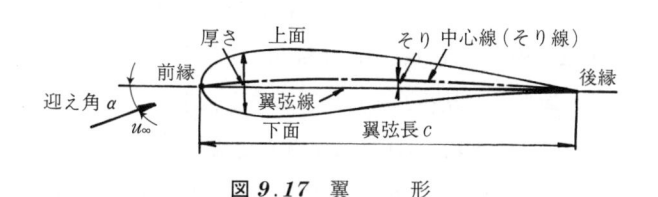

図 **9.17** 翼　　形

下対称な翼形では,翼弦とそり線とは一致する。飛行機の翼のように左右の翼端があるものでは,その左右の翼端の距離を**翼幅**(span) b といい,翼の最大投影面積を A (**図 9.18**) とすれば,$\lambda = b^2/A$ を翼の**縦横比**(aspect ratio)という。長方形の翼では,翼弦長を l とすれば翼 $A = bl$ であり,縦横比 $\lambda = b/l$ となる。

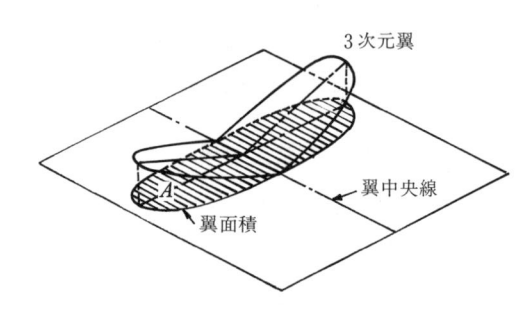

図 9.18 翼の投影面積概念図

速度 U_∞ の一様な流れのなかにある翼に発生する揚力および抗力を,それぞれ L および D とし,これらを

$$L = C_L \frac{\rho}{2} U_\infty^2 A \tag{9.27}$$

$$D = C_D \frac{\rho}{2} U_\infty^2 A \tag{9.28}$$

と表し,C_L および C_D をそれぞれ**揚力係数**(lift coefficient),**抗力係数**(drag coefficient) といい,翼に働く前縁周りのモーメント M を

$$M = C_M \frac{\rho}{2} U_\infty^2 Ac \tag{9.29}$$

と表し,C_M を**モーメント係数**(momentum coefficient) という。モーメントは反時計回りの方向を正とする。翼に働く揚力を抗力との合力の作用線が翼弦線と交わる点を**圧力中心**(center of pressure) といい,前縁から測った圧力中心までの距離は翼形の形状や迎え角によって変わる。

翼の特性を示すには,**図 9.19** に示すように横軸に迎え角 α をとり,揚力係数,抗力係数,モーメント係数を表し,これを**性能曲線**(characteristics

9.6 翼の揚力と抗力

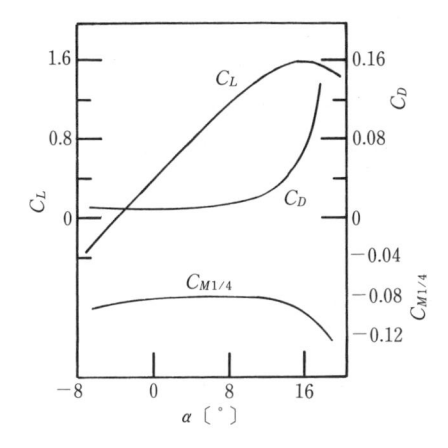

図 9.19 翼の性能曲線

curve）という。揚力係数 $C_L = 0$ となる角 α_0 を**ゼロ揚力角**（zero lift angle）といい，一般にそりのある翼では負の値となる。α の増加に伴い揚力係数 C_L はほぼ直線的に増加し，ある迎え角 α_s で最大値 $C_{L\,max}$ をとる。α_s を**失速角**（stalling angle），$C_{L\,max}$ を**最大揚力係数**（maximum lift angle）という。

しかし，さらに迎え角が増加すると急激に減少する。これは迎え角 α の増加に伴い**図 9.20** のように翼上面で流れが翼面からはく離し，渦が発生するためである。この現象を**失速**（stall）といい，翼が失速を起こすと揚力を失い逆に抗力が大きくなる。特に，翼の揚力と抗力との比 $L/D = C_L/C_D$ を**揚抗比**（lift drag ratio）といい，この値が大きいほど飛行機の翼としては性能がよい。C_D を横軸に，C_L を縦軸にとり，迎え角 α をパラメータに示した曲線を

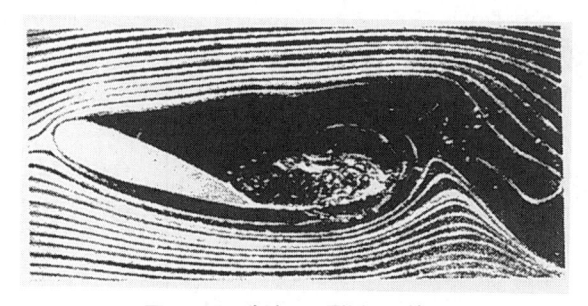

図 9.20 失速した翼周りの流れ

［出典］日本機械学会編：写真集「流れ」，丸善（1997）

翼の**揚抗曲線** (polar curve) といい，C_L/C_D の最大値を知るうえで利用される。

翼に揚力が発生するメカニズムは，**自由渦**を用いてつぎのように説明できる。つまり，揚力が発生する理由は，円柱を回転させた場合と同じように循環流れが存在する。この翼の周りの循環流れは，流れが翼の後縁から滑らかに流れ出るための流れとなる。

いま，図 **9.21** の静止流体中にある翼を静止状態から動かすと，その瞬間，渦なし流れの挙動から図 (a) のように，後方のよどみ点は点 A にでき，翼下面の流れは後縁 B を回る流れとなるが，後縁の存在によって現実には翼面に沿って流れることはできない。結果として図 (b) のような渦が後縁に生じ，翼上面のよどみ点 A 点が後縁のほうに引き寄せられ，図 (c) のような流れとなる。さらに時間が経つと，後縁から流れ出た渦は翼が前方に進むのに伴い翼後方へと離れる。このような渦を**出発渦** (starting vortex) という。流れ場全体として，流体力学の渦の定理として一つの渦が発生すると，それと同じ強さの反対向きの渦も発生し，全体として非回転とならなければならないので，この出発渦に対して，移動する翼のなかに同じ強さの反対向きの渦があるかのような循環をもたなければならない。この翼のなかに仮想される渦を**束縛渦** (bound vortex) という。迎え角が最大揚力係数をもつとき，循環は最も

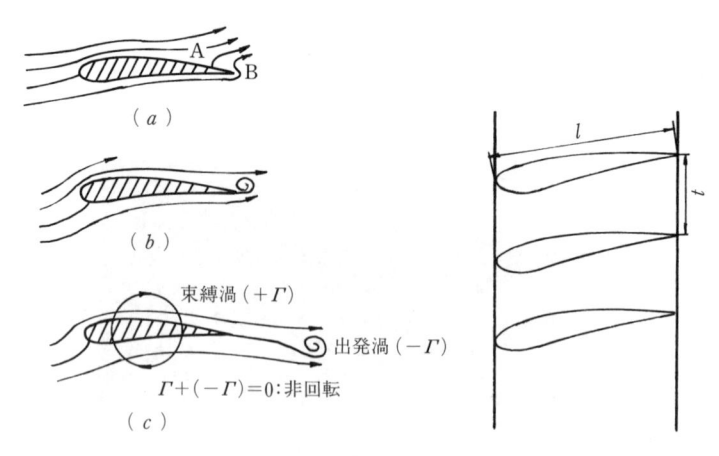

図 **9.21** 翼の周りの循環の発生過程

図 **9.22** 直線翼列

大きくなり最大揚力係数をもつ。

翼理論では，流れが後縁から滑らかに流れ出るという条件から翼の循環 Γ が求まり，密度を ρ とすればその値は $\rho U_\infty \Gamma$ となる。この条件をクッタの条件あるいはジューコフスキーの仮定という。

つぎに**翼列**（cascade）について考える。軸流形の送風機，圧縮機，ポンプ，水車，蒸気タービン，ガスタービンの羽根車を回転軸と同じ同心の円筒面で切断し，平面状に展開すると，**図 9.22** のような同じ形状の翼形が1列に等間隔（これをピッチ t という）に無限に並ぶ状態が得られる。これを**直線翼列**（straight cascade）という。翼列の作用は少ない損失で必要なだけ転向角を与えて，流れの方向を変えることである。これらの翼列では，翼が単独に存在するときと異なり，それぞれの翼周りの流れが隣の翼によって影響を受けるので，単独翼の場合に比べて揚力が変化する。すなわち，単独翼の揚力を L_0 とし，それと同じ翼形が翼列となったとき翼の揚力を L とすると

$$L = kL_0 \tag{9.30}$$

となる。この k を翼列の**干渉係数**（interference factor）という。k は，ピッチ t と翼弦長 l との比 t/l が2以上のとき1に近くなる。

ポイント

(1) 一様流中に置かれた物体には揚力と抗力が作用し，それぞれ速度の2乗に比例し，揚力係数と抗力係数を用いて計算できる。

(2) 抗力は圧力抵抗と形状抵抗との和で表され，物体の形状が円柱や球などの鈍頭物体では抗力のうち圧力抵抗の占める割合が大きい。物体表面に沿う境界層のはく離を抑えることにより圧力抵抗を低減できる。

(3) 形状抵抗は乱流境界層に比べ層流境界層で小さくなるが，境界層のはく離の規模は層流境界層に比べ乱流境界層で大きくなる。したがって，物体の抗力を低減させるためには，境界層を層流からむしろ乱流へ遷移させることが重要である。

(4) 円柱ではレイノルズ数が40〜160付近で規則的なカルマン渦列が発生

し，物体の振動や音の発生源となる．冬の冷たい木枯らしのなかで木の枝が激しく振動して空気をゆすり，ヒューヒューと音を立てたり，流体運動を伴う各種機器に騒音や金属疲労をもたらすことがある．

演 習 問 題

【1】 時速 60 km で走行する自動車の空気抵抗が 100 N であるとき，この車の抗力係数を求めよ．ただし，車の進行方向に垂直な平面への投影面積を $2.0\,\mathrm{m}^2$ とし，空気の密度を $1.225\,\mathrm{kg/m}^3$ とする．

【2】 長さ 0.5 m の滑らかな薄い平板が水温 20°，流速 0.1 m/s の一様流中に置かれている．この平板の摩擦抗力係数と摩擦抵抗を求めよ．

【3】 幅 0.1 m，長さ 0.5 m の平板が静止した水中を 3 m/s の速度で長手方向に動かされるとき，平板の両面に働く摩擦抵抗を求めよ．ただし，水の動粘度を $1.01\,\mu\mathrm{m}^2/\mathrm{s}$ とする．

【4】 球が流体中を運動するとき，流体から抗力 D を受ける．$Re<2$ ではストークス域と呼ばれ抗力係数 C_D は，$C_D=24/Re$ であり，$10^3<Re<10^5$ ではニュートン域と呼ばれ，ほぼ $C_D=0.56$ である．それぞれの領域では，抗力 D と速度 u の関係はどのような関係となるか求めよ．

【5】 ナビエ・ストークス方程式（5.7）から境界層方程式を導出せよ．一様流速 U，境界層厚さ δ とする．また，$Re=UL/\nu$ と境界層厚さ δ の大きさの程度を求めよ．

【6】 理想流体の一様流 U 中に回転している円柱〔周速度 $v_\theta=\omega R=\Gamma/(2\pi R)$〕がある．このとき，円柱は流体から揚力を受けるが，揚力は以下に示す y 方向の運動量と圧力 p による力の和として運動量理論から導出できる．

$$L = \int_0^{2\pi} v\rho U \cos\theta R\mathrm{d}\theta + \int_0^{2\pi} p\sin\theta R\mathrm{d}\theta$$

上式右辺の第 1 項と第 2 項は同じ値をもつ．右辺第 1 項の積分を行い L を求めよ．また，その結果は何と呼ばれているか答えよ．ただし，y 方向の速度は $v=v_\theta\cos\theta=\{\Gamma/(2\pi R)\}\cos\theta$ で与えられる．

10

圧 縮 性 流 体

　流体運動に伴って体積変化が伴う流れを考える。流体の圧縮性は，液体では圧力波を取り扱う場合以外は一般には無視できるが，気体においては顕著に現れる。本章では，気体の圧縮性と，それに密接な関連のある微小じょう乱の伝播について述べ，圧縮性流れの基礎的なことがらを説明する。

10.1 基 礎 方 程 式

　*1.2.3*項でも述べたように，流体は圧力の変化に応じて体積が変化し，それに伴って密度が変化するという性質，つまり**圧縮性**（compressibility）をもっている。流れを取り扱う際に実際上重要となるのは，流れ場全体の平均密度 ρ_a と最大密度差 $\Delta\rho = \rho_{\max} - \rho_{\min}$ との比 $\Delta\rho/\rho_a$ であり，この値が 0.05 以上の場合には圧縮性はもはや無視しえなくなる。この条件のもと圧縮性流れとして取り扱うべきマッハ数の範囲は 0.3 以上となる。流体の速度が同じ場合，空気流中のマッハ数は水流中のマッハ数に比べ大きくなり圧縮性の影響が強く現れることになる。このことから，圧縮性を考慮すべき流れはほとんどの場合，気体に限られることになるが，液体の場合でも急激な圧力変化を伴う**水撃現象**（water hammer）がある。ここでは流体の圧縮性が無視しえない高速気流の問題に焦点を絞って考える。そのため流体の粘性はすべての流れで無視し，理想気体の仮定が成立するものとする。

　いま，**図 *10.1*** に示すような断面積 A が緩やかに変化する管路内の定常流れを考える。この際，管路の一定断面で流速分布が一様であると仮定する 1 次

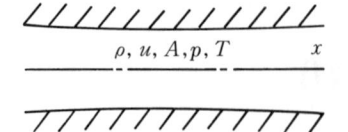

図 10.1 断面変化のある管路内の流れ

元流れを取り扱う。したがって，管路の中心線に沿って x 軸をとると，流速 u，圧力 p，密度 ρ，温度 T はいずれも x のみの関数となる。この系において，流体が単位時間に通る質量流量 m は，連続の式からすべての断面で同一であり

$$m = \rho u A = \text{const.} \tag{10.1}$$

となる。この式の対数微分をとれば

$$\frac{d\rho}{\rho} + \frac{du}{u} + \frac{dA}{A} = 0 \tag{10.2}$$

が得られる。一方，式 (3.12) に示したオイラーの運動方程式において，1次元定常流れの仮定から

$$u\frac{du}{dx} + \frac{1}{\rho}\frac{dp}{dx} = 0$$

となる。ここで，体積力 $f_x=0$ とした。ゆえに

$$u du + \frac{dp}{\rho} = 0 \tag{10.3}$$

となり，積分して

$$\int \frac{dp}{\rho} + \frac{1}{2} u^2 = \text{const.} \tag{10.4}$$

を得る。また，管路を流れる流体が理想気体であるとし，管路全体にわたってエントロピー一定の可逆断熱変化をする流れ，すなわち**等エントロピー流れ** (isentropic flow) と仮定すれば

$$p = c\rho^\gamma \tag{10.5}$$

が成立し，ここで，c は定数を，γ ($=c_p/c_v$, c_p：定圧比熱，c_v：定容比熱) は比熱比を表す。等エントロピーの流れでは考えている系の内部においては運動量や熱量の移動がない**平衡状態** (equilibrium state) にあり，その過程は**可**

逆的 (reversible) であり，定常・非定常にかかわらずエントロピーは一定に保たれる。

式 (10.5) から，$dp/d\rho = c\gamma\rho^{\gamma-1}$ が得られ，これを式 (10.4) の左辺第 1 項に代入すると

$$\int \frac{dp}{\rho} = \int c\gamma\rho^{\gamma-2} d\rho = \frac{\gamma}{\gamma-1}\frac{p}{\rho} + \text{const.}$$

を得る。したがって，式 (10.4) は式 (10.6) となる。

$$\frac{\gamma}{\gamma-1}\frac{p}{\rho} + \frac{1}{2}u^2 = \text{const.} \tag{10.6}$$

ここで，理想気体の仮定から

$$pv = RT \quad \text{または} \quad p = \rho RT \tag{10.7}$$

が成立し，式 (10.6) は

$$\frac{\gamma}{\gamma-1}RT + \frac{1}{2}u^2 = \text{const.} \tag{10.8}$$

とも表される。式 (10.6) および式 (10.8) は，流れの二つの平衡状態を関係づける方程式であり，圧縮性流体のベルヌーイの式である。

一例として，非常に大きな容器から流路に流出する場合，容器のなかの状態変数にゼロを添字すれば，$u_0 = 0$ となり，式 (10.8) から

$$\frac{\gamma}{\gamma-1}RT + \frac{1}{2}u^2 = \frac{\gamma}{\gamma-1}RT_0 \tag{10.9}$$

となる。ここで，T_0 は速度ゼロのときの温度で，**よどみ点温度** (stagnation temperature) という。これに対して T を**静的温度** (static temperature) といい，流れの温度である。式 (10.9) は，式 (10.10) のようにも表される。

$$\frac{\gamma}{\gamma-1}\frac{p}{\rho} + \frac{1}{2}u^2 = \frac{\gamma}{\gamma-1}\frac{p_0}{\rho_0} \tag{10.10}$$

ここで，p_0, ρ_0 はそれぞれ $u_0 = 0$ における圧力および密度である。

10.2 微小じょう乱の伝播

　気体中に圧力変動が生じると，この圧力変動は縦波として気体中を伝播する。静止した流体内を物体が運動すると流体自身も運動を起こし，流体内に圧力や密度の変動を生ずる。流体内に生じた圧力や密度の変動が十分に小さい場合を**微小じょう乱**（small disturbance）という。

　この微小じょう乱が集積することにより，圧力変動となって四方の流体に**音波**（sound wave）として**音速**（sonic speed）で伝播する。高速気流では流れの状態変化が音速で伝わるので，音速は重要な基本量である。微小じょう乱により流体が受ける変化は非常に小さく，したがって，速度および温度の勾配は小さいので，過程は可逆的とみなしてよい。さらに，外部からの熱の授受もないとすれば可逆断熱（等エントロピー）流れとみなされ，結局，音速は式（10.11）で与えられる。

$$a = \sqrt{\frac{\mathrm{d}p}{\mathrm{d}\rho}} = \sqrt{\frac{K}{\rho}} = \sqrt{\gamma \frac{p}{\rho}} = \sqrt{\gamma RT} \qquad (10.11)$$

　式（10.11）より，音速は絶対温度 T の平方根，すなわち $\sqrt{T}$ に比例することがわかる。マッハ数は $Ma = u/\sqrt{\gamma RT}$ で与えられることから，式（10.11）を用いて式（10.9）を書き表すと

$$\frac{T_0}{T} = 1 + \frac{1}{RT}\frac{\gamma-1}{\gamma}\frac{u^2}{2} = 1 + \frac{\gamma-1}{2}Ma^2 \qquad (10.12)$$

となる。これは書き換えられたベルヌーイの式で，流れのなかの温度 T とよどみ点温度 T_0 との比をその点における Ma で表したものである。例えば，ある飛行機が飛行している場合を考えると，その飛行機に対する一様流のマッハ数は Ma であり，大気の温度は一様流の温度で式（10.9）中の T である。したがって，飛行機のよどみ点温度，すなわち，翼の前縁付近にあるよどみ点における温度は式（10.12）によって計算される。

　気体中の任意の点に生じた微小圧力じょう乱は，その位置より音速 a で四

10.2 微小じょう乱の伝播

方の流体に伝わる。音波の伝わる気体が微小じょう乱の発生源（音源）Pに対して相対的に静止していれば，ある時刻における微小じょう乱による圧力波面は球面となり，**図10.2**（a）に示すようにその影響はあらゆる方向に無限遠方にまで伝わる。一方，気体が音源に対して相対的に速度uで運動している場合，じょう乱は流れに相対的に音速で伝わる。したがって，流れの方向に$(a+u)$，流れとは反対方向に$(a-u)$で伝播する。

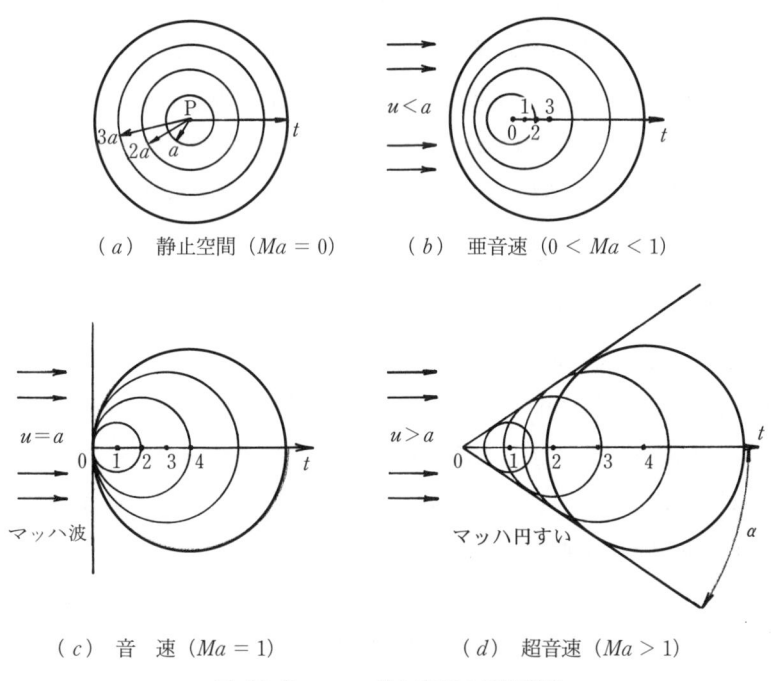

(a) 静止空間（$Ma=0$）

(b) 亜音速（$0<Ma<1$）

(c) 音速（$Ma=1$）

(d) 超音速（$Ma>1$）

図 **10.2** マッハ数と音波の伝播範囲

$u<a$，すなわち$0<Ma<1$の場合は，**亜音速流れ**（subsonic flow）と呼ばれる。この場合，**図10.2**（b）に示すように波面の間隔は上流側で密に，下流側で疎になるが，波面は図（a）の場合と同じく，あらゆる方向に無限遠方まで及ぶ（この意味で亜音速流れの性質は$Ma=0$の非圧縮性流れと同じで，実際に管路における定常な亜音速流れでは，断面積の小さいところでは速度が大きく，圧力が低いとか，流れのなかに圧力の不連続が存在しえないなど，定

性的な性質は非圧縮性流体力学からの類推と一致する)。

　$u=a$，すなわち $Ma=1$ の流れは**音速流れ**（sonic flow）と呼ばれる。この場合，上流へのじょう乱の伝播速度は $a-u=0$ となるので，**図 10.2**（c）に示すようにじょう乱は下流側にのみ伝わり，すべての波面はじょう乱源を含む流れの方向に垂直な平面に接する。この平面より上流側にはじょう乱が伝わらない空間，下流側は伝わる空間となる。

　$u>a$，すなわち $Ma>1$ の流れは**超音速流れ**（supersonic flow）と呼ばれる。亜音速流れに対比される重要な性質は，**図 10.2**（d）に示すようなじょう乱の影響がじょう乱源を頂点とする円すいの内部に限られることである。この円すいは**マッハ円すい**（Mach cone）と呼ばれ，各瞬間に P から発生したじょう乱の包絡面であるから，他の部分に比べじょう乱の集中が著しい。マッハ円すいの半頂角 α は

$$\sin\alpha = \frac{a}{u} = \frac{1}{Ma} \tag{10.13}$$

で表され，角 α は**マッハ角**（Mach angle）と呼ばれ，$Ma<1$ の場合には存在せず，$Ma=1$ において 90°であり，$Ma>1$ とともに減少する。流れ場の任意の点で，流線に対し傾き α の線を**マッハ線**（Mach line）または**マッハ波**（Mach wave）という。マッハ数が 5 以上の流れを一般に**極超音速流れ**（hypersonic flow）と呼び，普通の超音速流れと区別する。

10.3　ノズルとディフューザ

　管路の断面積が緩やかに変化している場合には，流れは準 1 次元的であるとして，等エントロピーの関係式を用いて流れを解析することができる。このようにして圧縮性流体の管内の流れを調べることによって，それが非圧縮性の場合とどう異なるか，特に亜音速流と超音速流との本質的な特徴を理解することができる。圧縮性準 1 次元流においては，流れの未知量は管の軸方向の速度 u と 3 個の状態量，すなわち圧力 p，密度 ρ，温度 T で，独立変数としては断

面積 A をとることができる。ここでは，A は軸方向の座標 x のみの関数として与えられているものとする。また，流れは簡単のため等エントロピーであるとし，さらに気体は理想気体であるとする。

連続の式を対数微分にとった式（10.2）に，運動方程式（10.3）を代入して du を消去すれば

$$\frac{dA}{A} = \frac{dp}{\rho}\left(\frac{1}{u^2} - \frac{d\rho}{dp}\right) \tag{10.14}$$

となり，式（10.11）の音速 a の定義から，式（10.14）は

$$\frac{dA}{A} = \frac{dp}{\rho}\left(\frac{1}{u^2} - \frac{1}{a^2}\right) \tag{10.15}$$

あるいはマッハ数 $Ma = u/a$ を用いて

$$\frac{dA}{A} = \frac{dp}{\rho u^2}\left(1 - \frac{1}{a^2/u^2}\right) = \frac{dp}{\rho u^2}(1 - Ma^2) \tag{10.16}$$

と表せる。以上より

$$(Ma^2 - 1)\frac{du}{u} = \frac{dA}{A} \tag{10.17}$$

または

$$\frac{du}{dA} = \frac{1}{Ma^2 - 1}\frac{u}{A} \tag{10.18}$$

となり，また

$$\frac{d\rho}{\rho} = -Ma^2 \frac{du}{u} \tag{10.19}$$

となる。したがって

$$\frac{-(d\rho/\rho)}{du/u} = Ma^2 \tag{10.20}$$

を得る。

これら断面積変化と速度変化の関係式が得られる。このようにして，式（10.17）〜（10.19）を用いて管路の断面積変化と圧力および速度の変化との関係式がマッハ数の大小に応じてつぎのようになる。

① 亜音速流：$Ma < 1$

$$\frac{dA}{dp} > 0, \quad \frac{dA}{du} < 0$$

② 超音速流：$Ma > 1$

$$\frac{dA}{dp} < 0, \quad \frac{dA}{du} > 0 \qquad (10.21)$$

③ 音速流：$Ma = 1$

$$\frac{dA}{dp} = 0, \quad \frac{dA}{du} = 0$$

一般に，運動エネルギーを圧力エネルギーに変換する管を**ディフューザ**(diffuser) といい，逆に圧力エネルギーを運動エネルギーに変換する管を**ノズル**(nozzle) という。

したがって，亜音速流の場合には，**図10.3**(a) に示すように断面積が増加すれば速度，マッハ数は減少し圧力は増加するから，これがディフューザとなる。反対に断面積が流れ方向に減少すれば速度，マッハ数が増加し圧力は減少するのでこのような管はノズルとなる。これらのことは非圧縮性流体の場合と本質的に相違がない。

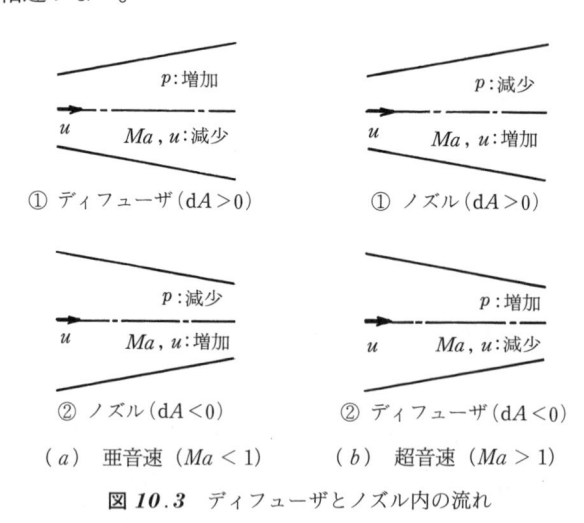

① ディフューザ($dA>0$) p:増加, Ma, u:減少		① ノズル($dA>0$) p:減少, Ma, u:増加
② ノズル($dA<0$) p:減少, Ma, u:増加		② ディフューザ($dA<0$) p:増加, Ma, u:減少
(a) 亜音速 ($Ma<1$)		(b) 超音速 ($Ma>1$)

図10.3 ディフューザとノズル内の流れ

これに反して超音速流の場合には，**図10.3**(b) に示すように，断面積が増加すれば速度もマッハ数も増加し，圧力は減少するので，この場合がノズル

である．逆に断面積が減少すれば速度とマッハ数とは減少し，圧力は増加するから，これがディフューザとなる．このように超音速の場合は亜音速の場合とまったく反対である．

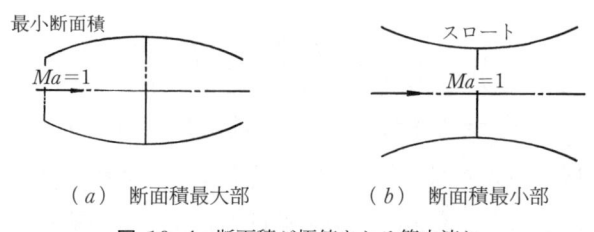

　流れの速度が音速に等しい場合には，流れのマッハ数が1になるところは必ず断面積が極大あるいは極小のところにある．極大になる**図10.4**(*a*)の場合を考えると，はじめ小さい断面積を$Ma<1$で流れて最大部に至るとすれば，流速は減じ，ますます$Ma=1$より遠ざかる．もし$Ma>1$で流れてくれば，最大部に向かってMaはますます大きくなり，前同様に$Ma=1$より遠ざかる．いずれにしても断面積最大部で$Ma=1$なる流れは実現不可能であり，最小断面積の部分で$Ma=1$なる場合が実現されることになる．したがって，タンク内に蓄えられた気体を超音速流で流出させるためには，**図10.4**(*b*)に示すように，まず縮小管を用いて流れを増速させ，$dA=0$なる断面積最小の場所で$Ma=1$とし，それ以後は拡大管によって超音速に増速させるのである．この場合，縮小部から拡大部に移行する断面積最小の部分を**スロート**（throat）という．逆に超音速から亜音速に流れを減速させる場合にもスロートが必要である．ただし，減速の場合にはスロートなしに衝撃波の発生によって超音速から亜音速にすることができる．

　　　　(*a*)　断面積最大部　　　　(*b*)　断面積最小部
図10.4　断面積が極値をとる管内流れ

　高圧の気体を膨張，加速させて高速気流を得る管路には**先細ノズル**（converging nozzle）と**ラバル管**（Lavar nozzle）の2種類がある．先細ノズルは，**図10.5**に示すように管の軸方向に断面積が滑らかに減少し，出口が最小断面積，すなわちスロートになっている縮小管のことである．タンク内の気体の速度を無視し，流れは等エントロピーであるとすれば，式(*10.10*)

10. 圧縮性流体

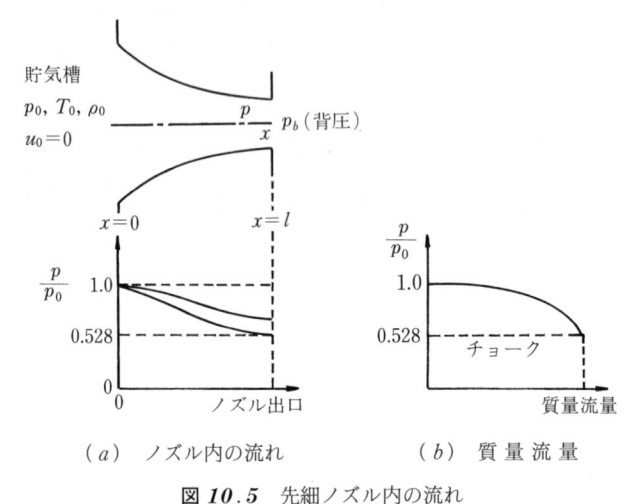

(a) ノズル内の流れ　　　(b) 質量流量

図 **10.5**　先細ノズル内の流れ

を用いてその流出速度は

$$u = \sqrt{2\frac{\gamma}{\gamma-1}\frac{p_0}{\rho_0}\left\{1-\left(\frac{p}{p_0}\right)^{(\gamma-1)/\gamma}\right\}} = a_0\sqrt{\frac{2}{\gamma-1}\left\{1-\left(\frac{p}{p_0}\right)^{(\gamma-1)/\gamma}\right\}} \quad (10.22)$$

となる。ここで，出口圧力 p は**背圧** (back pressure) と呼ばれる。質量流量 m は連続の式から

$$m = \rho u A = A\sqrt{2\frac{\gamma}{\gamma-1}p_0\rho_0\left(\frac{p}{p_0}\right)^{2/\gamma}\left\{1-\left(\frac{p}{p_0}\right)^{(\gamma-1)/\gamma}\right\}} \quad (10.23)$$

となる。いま，$p/p_0 = x$ とすれば，質量流量 m は $x=1$，つまり，$p=p_0$ のとき最小値ゼロをとり，$x=\{(2/(\gamma+1)\}^{\gamma/(\gamma-1)}$ のとき，つまり，$p=0.528p_0$ のとき最大値をとる。結局，質量流量 m の値は p/p_0 に対して図 **10.5**（b）に示すようになる。m が最大値をとる p の圧力を**臨界圧力** (critical pressure) といい，これ以下に圧力を下げても下流の圧力はノズルに向かって伝播することができない。このような状態を流れの**閉塞**あるいは**チョーク** (choke) という。また，このときの速度を臨界速度 (critical speed) という。

一方，図 **10.6** に示すようにラバル管は，先細ノズルに末広部を付けたも

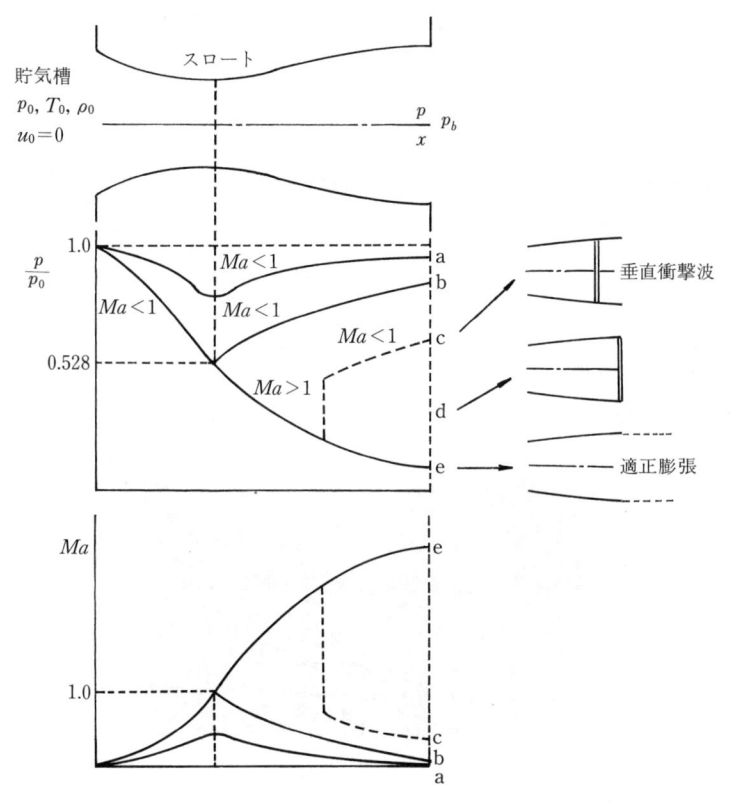

10.3 ノズルとディフューザ　167

図 10.6　ラバル管内の流れ

のである。ノズル外部の背圧 p が p_0 に等しいときは流れない。背圧がさらに低下し，スロートにおける圧力が臨界圧力になったとき $Ma=1$ となり，その後，末広部で超音速流れとなる。しかし，背圧が十分に低くなければ，超音速を続けられず衝撃波を生じて亜音速流れとなる。完全膨張するときの出口部とノズル部との面積比 A/A^* を**末広比**といい

$$\frac{A}{A^*} = \left(\frac{2}{\gamma+1}\right)^{1/(\gamma-1)}\left(\frac{p_0}{p}\right)^{1/\gamma} \bigg/ \sqrt{\frac{\gamma+1}{\gamma-1}\left\{1-\left(\frac{p_0}{p}\right)^{(1-\gamma)/\gamma}\right\}} \qquad (10.24)$$

となることが知られている。

10.4 衝撃波

火薬が爆発した場合や航空機や弾丸などが超音速で飛ぶ場合などには，図 **10.7** に示すような，強烈な圧力変化の波が生ずる。気体の状態は断熱的に変化するから，圧力の上昇に伴って温度上昇が起こる。温度の高い圧縮波後端付近の波面は先端付近の波面より伝播速度が速いため，だんだん前に追い付いて，勾配が急になり，ついには図 **10.8** に示すように波面が薄い面のなかに圧縮され，圧力が不連続的に増大するようになる。このような圧力の不連続面を **衝撃波**（shock wave）といい，圧力や温度の急激な上昇を伴う。

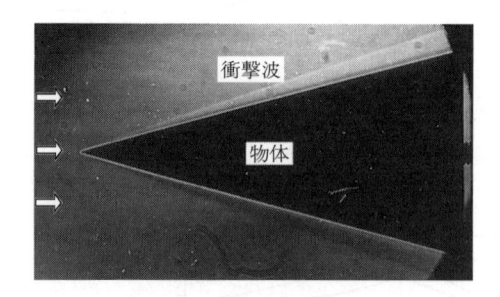

図 **10.7** 物体周りの超音速流れ（シュリーレン法）

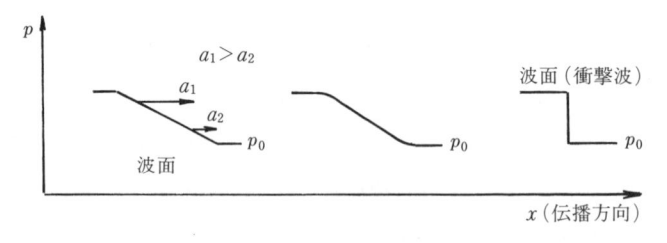

図 **10.8** 圧縮波の伝播

衝撃波は圧力変化の小さい音波とは本質的に違うもので，進行速度も音波より大きく，圧力上昇の大きい衝撃波ほど進行速度が大きい。例えば，長い円筒をセロファン膜やアルミ薄板などで仕切り，円筒内部の圧力差を高め，膜を瞬

10.4 衝撃波

間的に破壊すると衝撃波が発生する。この場合の衝撃波は流れに垂直となり，**垂直衝撃波**と呼ばれ，このような装置を**衝撃波管**（shock tube）という。

図 10.9 に示す**垂直衝撃波**（normal shock wave）の前後の状態について考える。衝撃波を取り囲む，単位面積の非常に狭い領域について連続の方程式を適用すると

$$\rho_1 u_1 = \rho_2 u_2 \tag{10.25}$$

が得られる。ここで添字 1，2 は衝撃波前後の状態を示す。同じ領域に対して流れの方向に運動量の法則を適用すると

$$\rho_2 u_2^2 - \rho_1 u_1^2 = p_1 - p_2 \tag{10.26}$$

を得る。気体が理想気体で，比熱比 γ が衝撃波を通して不変であるとして，エネルギー式を衝撃波前後の流れに対して適用すれば

$$\begin{aligned}&\frac{1}{2} u_1^2 + \frac{\gamma}{\gamma-1}\frac{p_1}{\rho_1} = \frac{1}{2} u_2^2 + \frac{\gamma}{\gamma-1}\frac{p_2}{\rho_2} \\ &\therefore \quad \frac{\gamma}{\gamma-1}\left(\frac{p_2}{\rho_2} - \frac{p_1}{\rho_1}\right) = \frac{1}{2}(u_1^2 - u_2^2)\end{aligned} \tag{10.27}$$

となる。式 (10.25)～(10.27) から

$$\begin{aligned}u_1^2 &= \frac{p_2 - p_1}{\rho_2 - \rho_1}\frac{\rho_2}{\rho_1} \\ u_2^2 &= \frac{p_2 - p_1}{\rho_2 - \rho_1}\frac{\rho_1}{\rho_2}\end{aligned} \tag{10.28}$$

となり，式 (10.28) を式 (10.27) に代入して

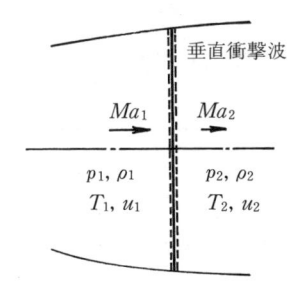

図 10.9 垂直衝撃波

$$\frac{\rho_2}{\rho_1} = \frac{u_1}{u_2} = \frac{(\gamma+1)/(\gamma-1) \cdot p_2/p_1 + 1}{(\gamma+1)/(\gamma-1) + p_2/p_1} \tag{10.29}$$

を得る。また

$$\frac{T_2}{T_1} = \frac{(\gamma+1)/(\gamma-1) + p_2/p_1}{(\gamma+1)/(\gamma-1) + p_1/p_2} \tag{10.30}$$

となる。式 (10.29) および式 (10.30) は**ランキン・ユゴニオの関係式** (Rankine-Hugoniot relation) と呼ばれ，衝撃波前後の圧力，密度，温度の関係式を示す。なお，衝撃波前後のマッハ数は

$$Ma_2{}^2 = \frac{2 + (\gamma-1) Ma_1{}^2}{2\gamma Ma_1{}^2 - (\gamma-1)} \tag{10.31}$$

で表される。

　超音速流が平面壁上を流れると，**図 10.10** に示すように無数の平行なマッハ波を生ずる。一方，図中に示す上に凹な曲壁に沿ってマッハ波が回るとき，マッハ数が減少し圧力が上昇する圧縮流れとなり，無数のマッハ波が収束し，重なり合って包絡線を形成し，圧力および密度の不連続，すなわち衝撃波を生ずる。衝撃波を通過すると流れは壁に平行となる。

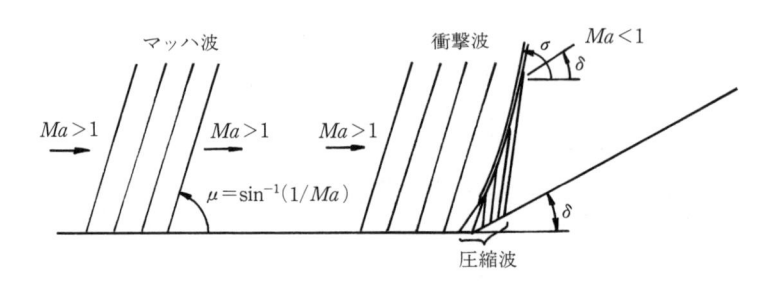

図 10.10　種々の形状の壁に沿う超音速流れ

コーヒーブレイク

　　　衝　撃　波

　衝撃波は非常に薄い急峻な波面である。その厚さは，標準状態（温度 0℃，1 気圧）のもと $0.025\,\mu m$ で，密度変化による屈折率の違いを利用して可視化できる。身近には風船が破裂するときの音や，むちを振るときに生ずるピシッという音で衝撃波の存在を確認できる。

これとは逆に，曲面壁が上に凸な場合には，流れの断面積が増加するのでマッハ波は壁から離れるに従い開き，膨張波が形成される．このような膨張流を**プラントル・マイヤーの膨張流**（Prandtl-Meyer's expansion flow）という．なお，図中のδを**偏角**（deflection angle），σを**衝撃波角**（shock angle）という．したがって，$\sigma=90°$が垂直衝撃波であり，それ以外の衝撃波を**斜め衝撃波**（oblique shock wave）という．

超音速流中にくさび形の物体が置かれている場合，くさびの半頂角δが小さい場合には衝撃波が発生すると物体に付着しこれを**付着衝撃波**（attached shock wave）といい，一方，δが大きい場合には物体から離れてその前方に衝撃波が形成される．これを**離脱衝撃波**（detached shock wave）と呼ぶ．

ポイント

(1) 流体の密度変化が5％以上であるとき，流体の圧縮性の影響が顕著に現れ，このような流体を圧縮性流体という．圧縮性流体では速度，密度，圧力および温度が変化するため，これらの関係式は可逆断熱流れである等エントロピーの仮定から導かれる．

(2) 常温の空気中と水中における音速はそれぞれ，およそ340 m/s，1 440 m/sとなる．圧縮性の影響は$Ma>0.3$で考慮する必要がある．空気中と水中での速度はそれぞれおよそ100 m/s，430 m/s以上の高速の場合に対応する．

(3) 圧縮性の波動である音波は，流体のみならず固体中も伝播することのできる基本的な波である．音波は8章でも述べた水面波などの横波（楽器に張られた弦の振動など）とは異なり，体積変化を伝える縦波であり，波の進む方向と媒質の振動方向が一致する波で，疎密波とも呼ばれる．音波では，空気が圧縮された部分と疎な部分の振動が空気中を伝わるのであって，空気分子そのものが伝播するのではない．

(4) 衝撃波は非常に薄い急峻な波であり，衝撃波背後の密度や温度，圧力などの物理量が何倍にも上昇し，ソニックブームと呼ばれる爆発音を発

する。衝撃波は圧縮性流体における圧力変動を伴う特有の波である。

演 習 問 題

【1】 飛行機が時速 1 400 km で海面上を飛ぶとき，マッハ数を求めよ。ただし，大気の温度は 20°C とする。

【2】 速度 300 m/s の空気の流れをせき止めた場合，温度上昇はいくらになるか。

【3】 標準状態の空気中を飛ぶ物体のマッハ角が 20° であるとすれば，物体の速度はいくらになるか。

【4】 全圧および全温が 650 kPa，285 K の空気が先細ノズルを通って圧力 101.2 kPa の大気中へ流出している。ノズル出口面における圧力と温度とを求めよ。

【5】 圧縮波と膨張波について説明せよ。

付　　　録

単位について

科学や工学の分野では世界共通の単位系として **SI**（The International of System of Units：国際単位系）が使用される。以下，7個の基本単位，それらを組み合わせて誘導される単位のなかで固有の名称をもつ単位，接頭語について**付表 1～3** に示す。なお，**付表 4** としてギリシャ文字を載せてある。

付表 1　SI 基本単位

物理量	記号	SI 単位の名称	SI 単位の記号
長さ	l	メートル	m
質量	m	キログラム	kg
時間	t	秒	s
温度	T	ケルビン	K
物質量	n	モル	mol
電流	I	アンペア	A
光度	I_v	カンデラ	Cd

付表 2　固有の名称をもつ SI 単位

物理量	単位			
	名称	記号	定義	SI 基本単位による表示
圧力	パスカル	Pa	N/m^2	m^{-1}・kg・s^{-2}
エネルギー	ジュール	J	N・m	m^2・kg・s^{-2}
仕事率, 動力	ワット	W	J/s	m^2・kg・s^{-3}
周波数	ヘルツ	Hz	1/s	s^{-1}
力	ニュートン	N	m・kg/s^2	m・kg・s^{-2}
比エネルギー	ジュール毎キログラム	J/kg	N・m/kg	m^2・s^{-2}
表面張力	ニュートン毎メートル	N/m	N/m	kg・s^{-2}
粘性係数	パスカル秒	Pa・s	N・s/m^2	m^{-1}・kg・s^{-1}

付表3 接頭語

名称	記号	大きさ	名称	記号	大きさ
デカ (deca)	da	10	デシ (deci)	d	10^{-1}
ヘクト (hecto)	h	10^2	センチ (centi)	c	10^{-2}
キロ (kilo)	k	10^3	ミリ (milli)	m	10^{-3}
メガ (mega)	M	10^6	マイクロ (micro)	μ	10^{-6}
ギガ (giga)	G	10^9	ナノ (nano)	n	10^{-9}
テラ (tera)	T	10^{12}	ピコ (pico)	p	10^{-12}
ペタ (peta)	P	10^{15}	ファムト (femto)	f	10^{-16}
エクサ (exa)	E	10^{18}	アト (atto)	a	10^{-18}

付表4 ギリシャ文字

			読み方				読み方
A	α	Alpha	アルファ	N	ν	Nu	ニュー
B	β	Beta	ベータ	Ξ	ξ	Xi	クサイ
Γ	γ	Gamma	ガンマ	O	o	Omicron	オミクロン
Δ	δ	Delta	デルタ	Π	π	Pi	パイ
E	ε	Epsilon	イプシロン	P	ρ	Rho	ロー
Z	ζ	Zeta	ゼータ	Σ	σ	Sigma	シグマ
H	η	Eta	エータ	T	τ	Tau	タウ
Θ	θ	Theta	シータ	Υ	υ	Upsilon	ウプシロン
I	ι	Iota	イオタ	Φ	ϕ	Phi	ファイ
K	κ	Kappa	カッパ	X	χ	Chi	カイ
Λ	λ	Lambda	ラムダ	Ψ	ψ	Psi	プサイ
M	μ	Mu	ミュー	Ω	ω	Omega	オメガ

従来,さまざまな単位が世界の各国で用いられていた.工学の分野では重力単位系が多く用いられ,実験室や生産現場の計器などにいまだに用いられている.したがって,単位換算を適宜できるようにしておく必要がある.以下,換算に必要な代表的なことがらについて述べる.

（1） 基本単位として長さ (m),力 (kgf),時間 (s) を用いた単位系を**重力単位系**という.SI単位は,基本単位として質量 (kg) を用いるのに対して,重力単位系では力を用いていることに違いがある.力1kgfは質量1kgが標準重力加速度 $g = 9.80665\,\mathrm{m/s^2}$ を受けているときの重量として定義される.1kgfをSI単位に換算すると

$$1\,\mathrm{kgf} = 1\,\mathrm{kg} \times 9.806\,65\,\mathrm{m/s^2} = 9.806\,65\,\mathrm{N}$$

となる.質量は地球上の場所が違っても月面でも同じであるが,重力加速度は異なるため重量は変わる.

（2） 標準気圧1atmについては**2**章で述べた。従来，工学気圧として1atが用いられていた。1atは水柱10mの底面の圧力として定義され，SI単位に換算すると

$$1\,\text{at} = \rho g h = 10^3 \times 9.806\,65 \times 10 = 98.066\,5\,\text{kPa}$$

となる。さらに，気象関係ではバール（bar）という単位が用いられていた。1atmをバールおよびパスカルで表すと

$$1\,\text{atm} = 1.013\,25\,\text{bar} = 1\,013.25\,\text{mbar} = 101.325\,\text{kPa}$$
$$= 1\,013.25\,\text{hPa}$$

となる。気象において大気圧を従来ミリバール（mbar）で表現してきており，現在は，数値的に同じヘクトパスカル（hPa）を用いている。

（3） エネルギーはSI単位でジュール（J）を用いるが，重力単位系ではkgf·mで，また，熱エネルギーについてカロリー（cal）を用いてきた。

$$1\,\text{kgf·m} = 9.806\,65\,\text{N·m} = 9.806\,65\,\text{J}$$
$$1\,\text{cal} = 4.186\,8\,\text{J}$$

（4） 動力はワット（W）を用いるが，重力単位系では馬力（PS）が使われていた。

$$1\,\text{PS} = 75\,\text{kgf·m/s} = 75 \times 9.806\,65\,\text{N·m/s} = 735.5\,\text{W}$$

参 考 文 献

1) 生井武文 校閲，国清行夫，木本知男，長尾　健：最新機械工学シリーズ 6，水力学，森北出版（1986）
2) 市川常雄：機械工学基礎講座 6，改訂新版，水力学・流体力学，朝倉書店（1993）
3) 今井　功：流体力学（前編），裳華房（1973）
4) 今市憲作，田口達夫，本池洋二：わかる工学全書，わかる水力学，日新出版（1981）
5) 加藤　宏 編：ポイントを学ぶ流れの力学，丸善（1989）
6) 加藤　宏：例題で学ぶ流れの力学，丸善（1990）
7) 角谷典彦：連続体力学，共立出版（1969）
8) 巽　友正：新物理学シリーズ 21，流体力学，培風館（1982）
9) 谷　一郎：流れ学，岩波全書，岩波書店（1967）
10) 富田幸雄：水力学，流れ現象の基礎と構造，実教出版（1982）
11) 中林功一，伊藤基之，鬼頭修己：流体力学の基礎（1），（2），コロナ社（1997）
12) 中村育雄，大坂英雄：機械流体工学，共立出版（1999）
13) 中山泰喜：新版 流体の力学，養賢堂（1998）
14) 日野幹雄：流体力学，朝倉書店（1969）
15) 藤本武助：流体力学，養賢堂（1967）
16) 古屋善正，村上光清，山田　豊：流体工学，朝倉書店（1967）
17) 宮井善弘，木田輝彦，仲谷仁志：水力学，森北出版（1983）
18) G. K. Batchelor：An Introduction to Fluid Dynamics, Cambridge Univ. Press（1967）
19) H. Schlichting：Boundary Layer Theory, McGraw-Hill（1979）
20) 日本機械学会 編：写真集 「流れ」，丸善（1984）

演習問題解答

1章

【1】(1) $\rho = 5 \times \dfrac{\text{g}}{\text{cm}^3} = 5 \times \dfrac{\text{g} \times (10^{-3}\,\text{kg}/1\,\text{g})}{\text{cm}^3 \times (10^{-6}\,\text{m}^3/1\,\text{cm}^3)} = 5 \times 10^3\,\text{kg/m}^3$

(2) $\mu = 0.2\,\text{kg/m·s}$,密度 $\rho = s\rho_w = 850\,\text{kg/m}^3$($\rho_w$ は水の密度)

動粘度 $\nu = \dfrac{\mu}{\rho} = \dfrac{0.2}{850} = 2.353 \times 10^{-4}\,\text{m}^2/\text{s}$

(3) 0°C,1 kmol の気体の体積は $V_0 = 22.4\,\text{m}^3$。20°Cの体積 V は気体法則より

$$V = V_0 \dfrac{T}{T_0} = 22.4 \times \dfrac{273.15 + 20}{273.15} = 24.04\,\text{m}^3$$

分子量 $M = 29$ であるから,1 kmol では質量 $m = 29\,\text{kg}$。

$$\rho = \dfrac{m}{V} = \dfrac{29}{24.04} = 1.206\,\text{kg/m}^3$$

(4) 重量 $W = mg = 18\,\text{kN}$ より

$$m = \dfrac{18 \times 10^3}{9.81} = 1.835 \times 10^3\,\text{kg}$$

$$\rho = \dfrac{m}{V} = \dfrac{1.835 \times 10^3}{2} = 917\,\text{kg/m}^3$$

(5) $1\,\text{kgf} = 9.81\,\text{kg·m/s}^2$($= 9.81\,\text{N}$)

$1\,\text{kgf/cm}^2 = \dfrac{9.81\,\text{kg·m/s}^2}{(10^{-2})^2\,\text{m}^2} = 98\,100\,\text{kg/(m·s}^2)$($= 98.1\,\text{kPa}$)

【2】 速度分布:$u = -10(y^2 - 2y)$,

速度勾配:$\dfrac{\mathrm{d}u}{\mathrm{d}y} = -20(y-1)$, ニュートンの粘性法則:$\tau = \mu \dfrac{\mathrm{d}u}{\mathrm{d}y}$

解表 **1.1** 参照。

解表 **1.1**

y [m]	u [m/s]	$\mathrm{d}u/\mathrm{d}y$ [s^{-1}]	τ [Pa]
0	0	20	3.6×10^{-4}
0.5	7.5	10	1.8×10^{-4}
1	10	0	0

【3】トルク T は潤滑油の粘性応力に基づく抵抗力 f と半径 r の積，$T = f \cdot r = \tau A r$ となる．潤滑油のすきまが狭いことから，その速度は回転軸表面で $v_\theta = \pi d_1 n$ から外表面上のゼロまで直線分布と考えられる．したがって，粘性応力は式 (1.3) より $\tau = \mu v_\theta / h$ と書ける．ここで，すきま $h = (d_2 - d_1)/2$ である．与えられたデータより

$$n = 1\,800\,\text{rpm} = 30\,\text{rps}, \quad v_\theta = \pi d_1 n = \pi \times 49 \times 10^{-3} \times 30 = 4.62\,\text{m/s}$$

$$A = \pi d_1 l = \pi \times 49 \times 10^{-3} \times 80 \times 10^{-3} = 0.012\,3\,\text{m}^2$$

$$T = \tau A r = 0.045 \times \frac{4.62}{0.5 \times 10^{-3}} \times 0.012\,3 \times 25 \times 10^{-3} = 0.128\,\text{N·m}$$

【4】水と空気の密度は，表 *1.1*，表 *1.2* より $\rho = 998.2\,\text{kg/m}^3$，$\rho' = 1.205\,\text{kg/m}^3$ である．接触角 $\theta = 0$ と考えると，式 (1.9) より $d = 2\,\text{mm}$ の場合

$$h = \frac{4\sigma}{(\rho - \rho')gd} = \frac{4 \times 0.072\,8}{(998.2 - 1.205) \times 9.81 \times 0.002}$$

$$= 0.014\,8\,\text{m} = 14.8\,\text{mm}$$

同様に $d = 4\,\text{mm}$ の場合，$h = 7.42\,\text{mm}$。

【5】光の速度は音の速度に比べ十分に速い．したがって，音速に時間を掛ければ落雷の場所までの距離 l がわかる．音速 $a = 343.6\,\text{m/s}$ とすると

$$l = at = 343.6 \times 10 = 3\,436\,\text{m} = 3.44\,\text{km}$$

2章

【1】密度の単位を統一する．$\rho = 800\,\text{kg/m}^3$，$\rho' = 13.6\,\text{g/cm}^3 = 13\,600\,\text{kg/m}^3$。式 (2.7) より

$$p - p_a = (\rho' h' - \rho h)g = (13\,600 \times 0.3 - 800 \times 0.2) \times 9.81$$

$$= 38\,500\,\text{Pa} = 38.5\,\text{kPa}$$

【2】U字管マノメータ同様，シリンダ下部の水平面に対する左右の圧力がつりあう．

$$\frac{F}{a} + \rho g h = \frac{Mg}{A} \tag{1}$$

ピストン A の面積 $a = \pi d_1^2 / 4 = 0.001\,96\,\text{m}^2$，シリンダ B の面積 $A = \pi d_2^2 / 4 = 0.785\,4\,\text{m}^2$．式 (1) より

$$F = a\left(\frac{Mg}{A} - \rho g h\right) = 0.001\,96 \left(\frac{5\,000 \times 9.81}{0.785} - 850 \times 9.81 \times 0.5\right)$$

$$= 114\,\text{N}$$

【3】空気と液の表面からの液柱高さを Δh_1 とすると，$p = \rho_1 g \Delta h_1$ より

$$\varDelta h_1 = \frac{p}{\rho_1 g} = \frac{10 \times 10^3}{800 \times 9.81} = 1.276\,\mathrm{m}$$

したがって，$h_1 = 11 + \varDelta h_1 = 12.276\,\mathrm{m}$。

つぎに，2液の界面からの液柱高さを $\varDelta h_2$ とすると $p + \rho_1 g H_1 = \rho_2 g \varDelta h_2$ より

$$\varDelta h_2 = \frac{p}{\rho_2 g} + \frac{\rho_1 H_1}{\rho_2} = \frac{10 \times 10^3}{1\,200 \times 9.81} + \frac{800 \times 6}{1\,200} = 4.85\,\mathrm{m}$$

したがって，$h_2 = 5 + \varDelta h_2 = 9.85\,\mathrm{m}$。

【4】深さ z における圧力は，$p = \rho g z$，水深 h の平均圧力 $\rho g h/2$ である。したがって，単位幅当りの面積 $A = h/\sin\theta$，その力は

$$F = \frac{\rho g h A}{2} = \frac{10^3 \times 9.81 \times 20^2}{2 \times \sin 60} = 2.26 \times 10^6 = 2.26\,\mathrm{MN}$$

圧力中心は，自由表面から壁に沿った距離 y_c として

$$y_c = \bar{y} + \frac{I_G}{A\bar{y}} = \frac{10}{\sin 60} + \frac{(20/\sin 60)^2}{12 \times (10/\sin 60)} = 15.4\,\mathrm{m}$$

【5】水に浮かべたとき，水中に没した比重計の体積を V とする。このとき重力と浮力はつりあい，$mg = \rho g V$ となる。密度のわからない液に比重計を浮かべたとき，さらに沈んだ体積 $\varDelta V$ は，$\varDelta V = \pi d^2 h/4$ である。力のつりあいは $mg = \rho' g (V + \varDelta V)$ となる。したがって

$$\rho' = \frac{m}{V + \varDelta V} = \frac{m}{m/\rho + \pi d^2 h/4} = \frac{6}{6/1 + \pi \times (0.5)^2 \times 2.5/4} = 0.924\,3$$

密度は $0.924\,3\,\mathrm{g/cm^3}$ を得る。

【6】列車内の観察者から見れば容器の液体は静止している。液体には鉛直下向きに重力 mg が，また水平方向に $-ma$ の慣性力が働く。自由表面はこれらの合力の方向に垂直となる。そのため，水平に対する傾斜角度 θ は，$\tan\theta = ma/mg = a/g$ である。したがって，$\theta = \tan^{-1}(a/g)$。

3章

【1】式 (3.13) の $\mathrm{d}x/u = \mathrm{d}y/v$ より

(1) $\dfrac{\mathrm{d}x}{ky} = -\dfrac{\mathrm{d}y}{kx}$，$k(x\mathrm{d}x + y\mathrm{d}y) = 0$。したがって $x^2 + y^2 = \mathrm{const.}$

(2) $\dfrac{\mathrm{d}x}{x} = -\dfrac{\mathrm{d}y}{y}$，したがって $xy = \mathrm{const.}$

【2】式 (3.20) より

(1) $\omega_x = \omega_y = 0$, $\omega_z = -\dfrac{\partial u}{\partial y} = -k$

(2) $\omega_x = \omega_y = 0$, $\omega_z = \dfrac{\partial v}{\partial x} - \dfrac{\partial u}{\partial y} = \Omega + \Omega = 2\Omega$

(3) $\omega_x = \omega_y = 0$, $\omega_z = -\dfrac{\partial u}{\partial y} = 20(y-1)$

$y = 0\,\mathrm{m}$ で $\omega_z = -20\,\mathrm{s}^{-1}$, $y = 0.5\,\mathrm{m}$ で $\omega_z = -10\,\mathrm{s}^{-1}$,
$y = 1\,\mathrm{m}$ で $\omega_z = 0\,\mathrm{s}^{-1}$

【3】 式 (3.23) の $u = \partial\phi/\partial x$, $v = \partial\phi/\partial y$, $w = \partial\phi/\partial z$ より

$$\phi = \int u\,\mathrm{d}x = \dfrac{kx^2}{2} + c_1(y,z)$$

$$\phi = \int v\,\mathrm{d}y = -\dfrac{ky^2}{4} + c_2(x,z)$$

$$\phi = \int w\,\mathrm{d}z = -\dfrac{kz^2}{4} + c_3(x,y)$$

したがって, $\phi = k\left(\dfrac{x^2}{2} - \dfrac{y^2}{4} - \dfrac{z^2}{4}\right)$

【4】 式 (3.15) より

$$\phi = \int u\,\mathrm{d}y = U\left(\dfrac{y^2}{2h} - \dfrac{y^3}{3h^2}\right) \tag{1}$$

ここで, 積分定数 $c = 0$ とおいている。したがって, 流れ関数 ϕ の値は, $y = 0$ で $\phi_0 = 0$, $y = h$ で $\phi_h = Uh/6$ となる。ここで, $\phi = \phi_h/5$ としたとき式 (1) を満たす y の値を求める。簡単のため, $h = 1\,\mathrm{m}$ とおき, $15y^2 - 10y^3 - 1 = 0$ の根は $y = 0.287$ を得る。

同様に $\phi = 2\phi_h/5$, $3\phi_h/5$, $4\phi_h/5$ に対してそれぞれ $y = 0.433$, 0.567, 0.713 を得る。解図 3.1 より流速の速いところの流線幅が狭いことがわかる。

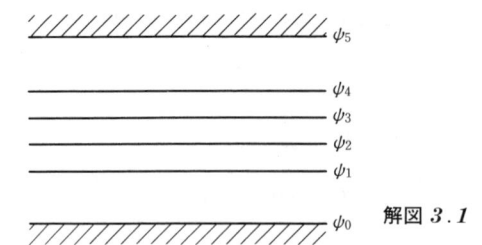

解図 3.1

【5】 $z = x + iy = re^{i\theta} = r(\cos\theta + i\sin\theta)$

$$f = U\left(z + \dfrac{a^2}{z}\right) = U\left\{(x+iy) + \dfrac{a^2(x-iy)}{x^2+y^2}\right\}$$

$$= U\left\{\left(x + \dfrac{a^2 x}{x^2+y^2}\right) + i\left(y - \dfrac{a^2 y}{x^2+y^2}\right)\right\}$$

したがって
$$\phi = U\left(x + \frac{a^2 x}{x^2+y^2}\right), \quad \psi = U\left(y - \frac{a^2 y}{x^2+y^2}\right)$$

また
$$f = U\left(re^{i\theta} + \frac{a^2}{r}e^{-i\theta}\right)$$
$$= U\left\{\left(r\cos\theta + \frac{a^2}{r}\cos\theta\right) + i\left(r\sin\theta - \frac{a^2}{r}\sin\theta\right)\right\}$$

したがって
$$\phi = U\left(r\cos\theta + \frac{a^2}{r}\cos\theta\right), \quad \psi = U\left(r\sin\theta - \frac{a^2}{r}\sin\theta\right)$$

4 章

【1】 連続の式 $Q = vA = $ 一定，および面積 $A = \pi d^2/2$ より
$$v_1 = \frac{Q}{A} = \frac{1\,200}{\pi d_1^2/4} = 95.5\,\text{cm/s}$$
$$v_2 = \frac{A_1 v_1}{A_2} = \left(\frac{d_1}{d_2}\right)^2 v_1 = \frac{95.5}{4} = 23.9\,\text{cm/s}$$

【2】 トリチェリの定理より流速 $v = \sqrt{2g(h+H)} = \sqrt{2 \times 9.81 \times 7} = 11.7\,\text{m/s}$
$$Q = vA = \frac{11.7 \times \pi \times 0.1^2}{4} = 0.091\,9\,\text{m}^3/\text{s}$$

ベルヌーイの定理を自由表面，水槽底部，管上部，管底部に適用する。圧力はゲージ圧とすると
$$g(H+h) = gh + \frac{p_2}{\rho} = gh + \frac{p_3}{\rho} + \frac{v^2}{2} = \frac{v^2}{2}$$

上式より $p_2 = \rho g H = 10^3 \times 9.81 \times 2 = 19.62 \times 10^3 = 19.62\,\text{kPa}$

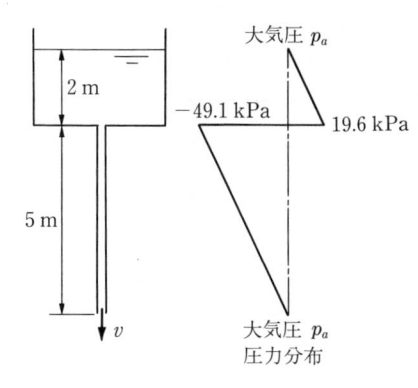

解図 **4.1**

$$p_3 = \rho g H - \rho \frac{v^2}{2} = -\rho g h = -10^3 \times 9.81 \times 5 = -49.05\,\mathrm{kPa}$$

圧力分布は**解図 4.1**に示す。

【3】トリチェリの定理より上の孔からの流出速度 $v_1 = \sqrt{2gh}$，下の孔からの流出速度 $v_2 = \sqrt{2g(H-h)}$ である。この水が水槽底部の高さまで落下する時間は質点の自由落下と同じである。

上の孔の場合，$gt_1^2/2 = H - h$ より $t_1 = \sqrt{2(H-h)/g}$ となる。同様に下の孔の噴流は $gt_2^2/2 = h$ より $t_2 = \sqrt{2h/g}$ となる。したがって，水槽底部の水平方向の位置は，$v_1 t_1 = v_2 t_2 = 2\sqrt{h(H-h)}$ となり，交差する。

【4】圧力差 $\Delta p = (\rho' - \rho)gh = (789 - 1.205) \times 9.81 \times 0.08 = 618\,\mathrm{Pa}$

したがって流速は，式（4.14）より

$$v = \sqrt{\frac{2}{\rho}(p_0 - p)} = \sqrt{\frac{2 \times 618}{1.205}} = 32\,\mathrm{m/s}$$

【5】面積 $A_1 = \pi d_1^2/4 = 0.00785\,\mathrm{m}^2$，$A_2 = \pi d_2^2/4 = 0.001257\,\mathrm{m}^2$

圧力差 $\Delta p = (\rho' - \rho)gh = (13550 - 1000) \times 9.81 \times 0.08 = 9849\,\mathrm{Pa}$

ベンチュリによる流量は式（4.17）より

$$Q = v_2 A_2 = \frac{A_1 A_2}{\sqrt{A_1^2 - A_2^2}} \sqrt{\frac{2}{\rho}(p_1 - p_2)}$$

$$= \frac{0.00785 \times 0.001257}{\sqrt{0.00785^2 - 0.001257^2}} \sqrt{\frac{2 \times 9849}{1000}} = 0.00565\,\mathrm{m}^3/\mathrm{s}$$

【6】運動量理論から板に働く力は，垂直方向のみである。そこで，運動量理論を板に対し垂直，水平方向に適用し

$$F_f = \rho b V^2 \cos\theta \qquad (1)$$

$\rho b V^2 \sin\theta - \rho b_1 V^2 + \rho b_2 V^2 = 0$ を整理して

$$b \sin\theta = b_1 - b_2 \qquad (2)$$

また，連続の式 $bV = b_1 V + b_2 V$ と式（2）より

$$b_1 = b(1 + \sin\theta)/2,\quad b_2 = b(1 - \sin\theta)/2 \qquad (3)$$

式（1）より，$F_f = 1200 \times 0.05 \times 4^2 \cos 30 = 831\,\mathrm{N}$

式（3）より，$b_1 = 5(1 + \sin 30)/2 = 3.75\,\mathrm{cm}$，$b_2 = 5(1 - \sin 30)/2 = 1.25\,\mathrm{cm}$

【7】断面積 $A_1 = \dfrac{\pi d_1^2}{4} = 0.1963\,\mathrm{m}^2$，$A_2 = \dfrac{\pi d_2^2}{4} = 0.0707\,\mathrm{m}^2$

平均流速 $v_1 = \dfrac{Q}{A_1} = 5.09\,\mathrm{m/s}$，$v_2 = \dfrac{Q}{A_2} = 14.15\,\mathrm{m/s}$

ベルヌーイの定理を断面①と②に適用すると

$$p_1 + \frac{1}{2}\rho v_1^2 = p_2 + \frac{1}{2}\rho v_2^2$$

書き換えて
$$p_2 = p_1 + \frac{\rho(v_1^2 - v_2^2)}{2} = 200 \times 10^3 + \frac{10^3 \times (5.09^2 - 14.15^2)}{2}$$
$$= 112.8 \times 10^3 \, \text{Pa}$$

運動量理論より
$$\rho Q v_2 \cos\theta - \rho Q v_1 = p_1 A_1 - p_2 A_2 \cos\theta - F_{fx}$$
$$\rho Q v_2 \sin\theta = -p_2 A_2 \sin\theta - F_{fy}$$
$$F_{fx} = p_1 A_1 - p_2 A_2 \cos\theta + \rho Q(v_1 - v_2 \cos\theta)$$
$$= 200 \times 10^3 \times 0.196\,3 - 112.8 \times 10^3 \times 0.070\,7 \times \cos 45$$
$$+ 10^3 (5.09 - 14.15 \cos 45) = 28.7 \times 10^3 \, \text{N}$$
$$F_{fy} = -(p_2 A_2 + \rho Q v_2) \sin\theta$$
$$= -(112.8 \times 10^3 \times 0.070\,7 + 10^3 \times 14.15) \sin 45$$
$$= -15.64 \times 10^3 \, \text{N}$$
$$\theta = \tan^{-1}\left(\frac{F_{fy}}{F_{fx}}\right) = -28.6°$$

【8】 面積 $A = \dfrac{\pi d^2}{4} = 0.001\,963 \, \text{m}^2$, 流量 $Q = AV = 0.054 \, \text{m}^3/\text{s}$. 式 (4.38) より
$$F_{fx} = \rho Q V(1 - \cos\theta) = 10^3 \times 0.054 \times 27.5 \times (1 - \cos 135) = 2\,540 \, \text{N}$$
$$F_{fy} = -\rho Q V \sin\theta = -10^3 \times 0.054 \times 27.5 \sin 135 = -1\,050 \, \text{N}$$
$$F_f = \sqrt{F_{fx}^2 + F_{fy}^2} = \sqrt{2\,540^2 + 1\,050^2} = 2\,748 \, \text{N}$$
$$\theta = \tan^{-1}\left(\frac{F_{fy}}{F_{fx}}\right) = -\tan^{-1}\left(\frac{1\,050}{2\,540}\right) = -22.46°$$

【9】 式 (4.39) に代入して
$$F_{fx} = \rho A(V - U)^2(1 - \cos\theta) = 10^3 \times 0.001\,963 \times (27.5 - 5)^2 \times (1 - \cos 135)$$
$$= 1\,700 \, \text{N}$$
$$F_{fy} = -\rho A(V - U)^2 \sin\theta = -10^3 \times 0.001\,963 \times (27.5 - 5)^2 \times \sin 135$$
$$= -703 \, \text{N}$$
θ は問【8】と同じ。

【10】 速度 $V = \dfrac{Q}{A} = \dfrac{200}{0.4} = 500 \, \text{cm/s} = 5 \, \text{m/s}$, 質量流速 $m = \rho Q = 0.2 \, \text{kg/s}$

回転数 $n = \dfrac{V \sin\theta}{\pi l} = \dfrac{5 \sin 60}{\pi \times 0.2} = 6.89 \, \text{s}^{-1} = 413 \, \text{rpm}$

トルク $T = 2mrV\sin\theta = 2 \times 0.2 \times 0.1 \times 5 \sin 60 = 0.173 \, \text{N·m}$

5章

【1】 本文参照。

【2】 $\sigma_{xx} = -p + 2\mu \dfrac{\partial u}{\partial x}$, $\tau_{yx} = \mu\left(\dfrac{\partial u}{\partial y} + \dfrac{\partial v}{\partial x}\right)$, $\tau_{xz} = \mu\left(\dfrac{\partial u}{\partial z} + \dfrac{\partial w}{\partial x}\right)$

$$\dfrac{1}{\rho}\left(\dfrac{\partial \sigma_{xx}}{\partial x} + \dfrac{\partial \tau_{yx}}{\partial y} + \dfrac{\partial \tau_{zx}}{\partial z}\right)$$
$$= \dfrac{1}{\rho}\left\{-\dfrac{\partial p}{\partial x} + \mu\left[\dfrac{\partial^2 u}{\partial x^2} + \dfrac{\partial^2 u}{\partial y^2} + \dfrac{\partial^2 u}{\partial z^2} + \dfrac{\partial}{\partial x}\left(\dfrac{\partial u}{\partial x} + \dfrac{\partial v}{\partial y} + \dfrac{\partial w}{\partial z}\right)\right]\right\}$$

上式の最後の 3 項は連続の方程式よりゼロである。したがって

$$\dfrac{1}{\rho}\left(\dfrac{\partial \sigma_{xx}}{\partial x} + \dfrac{\partial \tau_{yx}}{\partial y} + \dfrac{\partial \tau_{zx}}{\partial z}\right) = -\dfrac{1}{\rho}\dfrac{\partial p}{\partial x} + \nu\left(\dfrac{\partial^2 u}{\partial x^2} + \dfrac{\partial^2 u}{\partial y^2} + \dfrac{\partial^2 u}{\partial z^2}\right)$$

ナビエ・ストークス方程式は式 (5.9) を見よ。

【3】 式 (5.14) において $a = \{h^2/(2\mu U)\}(\mathrm{d}p/\mathrm{d}x)$ とおくと

$$u(y) = \dfrac{U}{h}\left\{y - ay\left(1 - \dfrac{y}{h}\right)\right\} \text{ となる。}$$

最大速度は $\mathrm{d}u/\mathrm{d}y = 0$ の条件から

$$\dfrac{\mathrm{d}u}{\mathrm{d}y} = \dfrac{U}{h}\left\{1 - a\left(1 - \dfrac{2y}{h}\right)\right\} = 0$$

したがって，$y = (1-1/a)h/2$ において極値をもつ。

$$u_{\max} = U\left(\dfrac{1}{2} - \dfrac{1}{2a} - \dfrac{a}{4} + \dfrac{1}{4a}\right) = U\left(\dfrac{1}{2} - \dfrac{a}{4} - \dfrac{1}{4a}\right)$$

a が負の値をもつ場合，$a = -1$ で $u_{\max} = U$ となり，$a < -1$ で U 以上の最大速度をもつ。

逆に $a = 1$ では最小値 $u_{\min} = 0$ で，$a > 1$ の場合は負の速度をもつ。

また，流量は，以下により求まる。

$$Q = \int_0^h u\,\mathrm{d}A = \int_0^h u\,\mathrm{d}y = \dfrac{U}{2}h - \dfrac{aU}{6}h$$

【4】 流量は $Q = \int u\,\mathrm{d}A$ である。円の微小面積は $\mathrm{d}A = 2\pi r\,\mathrm{d}r$ であり

$$Q = -\dfrac{\pi}{2\mu}\dfrac{\mathrm{d}p}{\mathrm{d}z}\int_0^a (a^2 - r^2)\,r\,\mathrm{d}r = -\dfrac{\mathrm{d}p}{\mathrm{d}z}\dfrac{\pi a^4}{8\mu}$$

$d = 2a, -\mathrm{d}p/\mathrm{d}z = \Delta p/l$ とおくと

$$Q = \dfrac{\pi d^4 \Delta p}{128\mu l} \quad \text{または} \quad \Delta p = 128\dfrac{\mu l}{\pi d^4}Q \quad \text{となる。}$$

【5】 基礎式は式 (5.15) となり，その解は式 (5.16) である。

$$u(r) = \dfrac{1}{4\mu}\dfrac{\mathrm{d}p}{\mathrm{d}z}r^2 + A\ln r + B$$

二重管環状部の境界条件は $r = a_1$ および $r = a_2$ で $u = 0$ となる。

$$0 = \frac{1}{4\mu}\frac{\mathrm{d}p}{\mathrm{d}z}a_1^2 + A\ln a_1 + B, \quad 0 = \frac{1}{4\mu}\frac{\mathrm{d}p}{\mathrm{d}z}a_2^2 + A\ln a_2 + B$$

上の 2 式から A, B を決定する。

$$A = -\frac{1}{4\mu}\frac{\mathrm{d}p}{\mathrm{d}z}\frac{(a_1^2-a_2^2)}{\ln(a_1/a_2)}, \quad B = -\frac{1}{4\mu}\frac{\mathrm{d}p}{\mathrm{d}z}\left(a_1^2 - \frac{a_1^2-a_2^2}{\ln(a_1/a_2)}\ln a_1\right)$$

【6】 x のある関数 $f(x)$ のテイラー展開は

$$f(x+\mathrm{d}x) = f(x) + \frac{\mathrm{d}f}{\mathrm{d}x}\mathrm{d}x + \frac{1}{2}\frac{\mathrm{d}^2 f}{\mathrm{d}x^2}\mathrm{d}x^2 + \frac{1}{3!}\frac{\mathrm{d}^3 f}{\mathrm{d}x^3}dx^3 + \cdots \quad (\text{a})$$

$$f(x-\mathrm{d}x) = f(x) - \frac{\mathrm{d}f}{\mathrm{d}x}\mathrm{d}x + \frac{1}{2}\frac{\mathrm{d}^2 f}{\mathrm{d}^2 x}\mathrm{d}x^2 - \frac{1}{3!}\frac{\mathrm{d}^3 f}{\mathrm{d}x^3}dx^3 + \cdots \quad (\text{b})$$

式(a)より

$$\frac{df}{dx} = \frac{f(x+\mathrm{d}x) - f(x)}{\mathrm{d}x} + O(\mathrm{d}x) \quad 〔O(\mathrm{d}x) \text{は誤差を示す}〕$$

式(a)＋式(b) より

$$\frac{\mathrm{d}^2 f}{\mathrm{d}x^2} = \frac{f(x+\mathrm{d}x) - 2f(x) + f(x-\mathrm{d}x)}{\mathrm{d}x^2} + O(\mathrm{d}x^2)$$

$\frac{\partial u}{\partial t}$, $\frac{\partial^2 u}{\partial y^2}$ は上式と同様に，f を u に，x を t または y に置き換える。

6 章

【1】 $Q = k\cdot\rho^a\cdot d^b\cdot p^c$ とおく。ここで，k は任意の定数である。等式が成立するためには次元が同次でなければならないので

$$\mathrm{m}^3\mathrm{s}^{-1} = (\mathrm{kg\,m}^{-3})^a(\mathrm{m})^b(\mathrm{kg\,m}^{-1}\mathrm{s}^{-2})^c$$

となり，結局，$a = -1/2$, $b = 2$, $c = 1/2$ を得る。これらの値をもとの式に代入し

$$Q = k\rho^{-1/2}d^2 p^{1/2} = kd^2\sqrt{\frac{\Delta p}{\rho}}$$

ここで，$k = \sqrt{2}\,\pi/4$ とおけば，$Q = \pi d^2/4\sqrt{2\Delta p/\rho}$ を得る。

【2】 音波が流体中を伝播する速度を a〔m/s〕，体積弾性係数を K〔N/m²〕，密度を ρ とする。題意より，$a = k\cdot\rho^a\cdot K^b$ となり

$$(\mathrm{m\,s}^{-1}) = k^0(\mathrm{kg\,m}^{-3})^a(\mathrm{kg\,m}^{-1}\mathrm{s}^{-2})^b$$

から a, b を求めると $a = -1/2$, $b = 1/2$ となり，$k = 1$ とすれば $a = \sqrt{K/\rho}$ 。

【3】 関連する物理量は δ, x, ρ, μ, U_∞ の 5 個，基本量を kg, m, s の 3 個とすれば，求めるべき無次元数は 5−3 = 2 個，つまり π_1, π_2 となる。物理量から x, ρ, U_∞ の 3 個を取り出し，べき乗式で表すと

$$\pi_1 = x^{a_1}\rho^{\beta_1}U_\infty^{\gamma_1}\delta, \quad \pi_2 = x^{a_2}\rho^{\beta_2}U_\infty^{\gamma_2}\mu$$

次元は，それぞれ

$$kg^0\, m^0\, s^0 = (m)^{\alpha_1}(kg\, m^{-3})^{\beta_1}(m\, s^{-1})^{\gamma_1}(m)$$
$$kg^0\, m^0\, s^0 = (m)^{\alpha_2}(kg\, m^{-3})^{\beta_2}(m\, s^{-1})^{\gamma_2}(kg\, m^{-1}\, s^{-1})$$

となるから，$\alpha_1 = -1$，$\beta_1 = 0$，$\gamma_1 = 0$，$\alpha_2 = -1$，$\beta_2 = -1$，$\gamma_2 = -1$ を得る。無次元数はそれぞれ，$\pi_1 = \delta/x$，$\pi_2 = \mu/(x\rho U_\infty) = \nu/(xU_\infty)$ となり，π 定理から，$\pi_1 = f_1(\pi_2)$ とすれば

$$\delta = xf_1\left(\frac{\nu}{xU_\infty}\right) = xf_2(Re)$$

【4】翼弦長 $l_r = 1.5\,\mathrm{m}$，大気圧，$V_r = 55.55\,\mathrm{m/s}$ となる。1/3 モデルでは，$l_m = 0.5\,\mathrm{m}$，$Re = Vl/\nu$ による力学的相似則が成立すると考えれば

(1) 風洞内の風速 $V_m = V_r l_r/l_m \approx 167\,\mathrm{m/s}$

(2) 20℃ の密度 $\rho_0 = 1.205\,\mathrm{kg/m^3}$，粘度 $\mu = 1.822\times10^{-5}\,\mathrm{Pa\cdot s}$，動粘度 $\nu_r = 1.512\times10^{-5}\,\mathrm{m^2/s}$，完全気体の関係式より 5 気圧のときの $\rho = (p/p_0)\rho_0 = 6.025\,\mathrm{kg/m^3}$，$\nu_m \fallingdotseq 3.024\times10^{-6}\,\mathrm{m^2/s}$ より $Re = V_r l_r/\nu_r = V_m l_m/\nu_m \fallingdotseq 5.5\times10^6$。ゆえに，$V_m \fallingdotseq 33.3\,\mathrm{m/s}$

(3) 20℃ の水の動粘度 $\nu_m \fallingdotseq 1.004\times10^{-6}\,\mathrm{m^2/s}$ より
$$Re = V_m l_m/\nu_m \fallingdotseq 5.5\times10^6\ \text{より，}\ V_m \fallingdotseq 11.0\,\mathrm{m/s}$$

【5】フルード数 $Fr = V/\sqrt{gl}$ より $Fr \fallingdotseq 0.294$，模型と実物との幾何学的相似条件から模型の代表長さ $l_m = l_r/25 \fallingdotseq 9.8\,\mathrm{m}$。したがって，$V_m = V_r\sqrt{l_m/l_r} \fallingdotseq 2.88\,\mathrm{m/s}$ を得る。

【6】模型船と実船の速度，長さ，および慣性力を添字 m と r で表し，その比を添字 ra で表す。模型船の動力は，$v_m F_m = 0.9\times0.265 = 0.2385\,\mathrm{W}$。一方，力学的相似であるためには重力と慣性力が支配的であるから，Fr 数が基準となり，$v_m/\sqrt{g_m l_m} = v_r/\sqrt{g_r l_r}$。
模型船と実船は共に重力が作用し $g_{ra} = 1$。ゆえに，$v_m^2/v_r^2 = l_{ra}$。一方，慣性力は，$F = \rho l^2 v^2$ で表されることから，両者の力の比は，$F_{ra} = \rho_m l_m^2 v_m^2/(\rho_r l_r^2 v_r^2) = \rho_{ra} l_{ra}^3$。したがって，実船の造波抵抗は，$F_r = F_m/(\rho_{ra} l_{ra}^3) = 265\,\mathrm{N}$

7 章

【1】$r = 0.01\,\mathrm{m}$ で $u = 0$ の条件より，$k = 1.6\times10^4$，ゆえに，流量 Q は
$$Q = \int_0^{0.01} 2\pi r u\, dr = 2.51\times10^{-4}\,\mathrm{m^3/s}$$

一方，管壁面のせん断応力 τ_0 は

$$\tau_0 = -\mu \frac{du}{dr}\bigg|_{r=0.01} = 9.6\,\mathrm{Pa}$$

【2】 平均速度 $v = Q/(\pi d^2/4) = 0.63\,\mathrm{m/s}$。したがって，$Re = 1\,610 < 2\,300$。ゆえに，流れは層流。管摩擦係数 λ は

$$\lambda = \frac{64}{Re} = 0.039\,8$$

管摩擦による損失ヘッド

$$h = \lambda \frac{l}{d} \frac{v^2}{2g} = 8.06\,\mathrm{m}$$

【3】（1） 平均速度 $V = (2\times 10^{-3}/60)/(\pi \times 0.03^2/4) = 0.047\,\mathrm{m/s}$。表 *1.1* より $\nu = 1.004 \times 10^{-6}\,\mathrm{m^2/s}$ であるから，$Re = 1\,410 < 2\,300$。流れは層流であり，式（7.24）より $\lambda = 0.045\,4$。損失ヘッドは，式（7.23）より $h = 0.017\,2$ m。管中心の速度は $r = 0$ で生じ，これを u_max とすれば

$$u_\mathrm{max} = \frac{R^2}{4\mu} \frac{\Delta p}{l} = \frac{R^2}{4\mu} \frac{\rho g h}{l} = 0.094\,\mathrm{m/s}$$

管壁面のせん断応力は，u_max を用いて

$$u = u_\mathrm{max}\left\{1 - \left(\frac{r}{R}\right)^2\right\} \text{ となることから，} \frac{du}{dr} = \frac{-2u_\mathrm{max}r}{R^2}$$

管壁からの距離を y とすれば $y = R - r$ より

$$\frac{du}{dy} = -\frac{du}{dr} = \frac{2u_\mathrm{max}(R-y)}{R^2}$$

ゆえに

$$\tau = \mu \frac{du}{dy}\bigg|_{y=0} = \frac{2\mu u_\mathrm{max}}{R} = 0.012\,6\,\mathrm{N/m^2}$$

（2） 平均速度 $V = 3.3\,\mathrm{m/s}$，$Re = 9.9 \times 10^4 > 2\,300$。流れは乱流であり，式（7.26）のブラジウスの式を適用すると，$\lambda = 0.017\,8$。損失ヘッドは，式（7.23）を用いて，$h = 32.97\,\mathrm{m}$。一方，管内に働く摩擦力と圧力差による力とのつりあい及び式（7.23）から，$\tau_0 = (\lambda/8)\rho V^2$。これより摩擦速度は，$u_* = \sqrt{\tau_0/\rho} = 0.156\,\mathrm{m/s}$。管内の乱流速度分布が対数則に従うことから，管中心の速度は，式（7.20）より

$$u = u_*\left\{5.75 \log\left(\frac{u_*}{\nu}y\right) + 5.5\right\} = 3.88\,\mathrm{m/s}$$

【4】 円形断面の管摩擦による損失ヘッドは，$h_1 = \lambda(l/d)\{v_1{}^2/(2g)\}$。一方，正方形断面の一辺の長さを a とし，水力平均深さ m を導入すれば，この管路の管摩擦損失ヘッドは

$$h_2 = \lambda \frac{l}{4m} \frac{v_2{}^2}{2g} = \lambda \frac{l}{4(a/4)} \frac{v_2{}^2}{2g} = \lambda \frac{l}{a} \frac{v_2{}^2}{2g}$$

ここで $h_1 = h_2$ より

$$\frac{v_2}{v_1} = \sqrt{\frac{a}{d}}$$

【5】 ポンプ揚程を Hp とし損失を伴う実在流体のベルヌーイの式（7.44）を適用すると

$$Hp = H + \frac{v^2}{2g} + 12 \cdot \frac{v^2}{2g}, \quad \text{ゆえに,} \quad Hp = H + 13 \cdot \frac{v^2}{2g}$$

題意より, $\rho = 200\,\mathrm{kg/m^3}$ であり, 体積流量 $Q = 1.4 \times 10^{-4}\,\mathrm{m^3/s}$ となる. したがって, 円管内の流速は, $v = \dfrac{Q}{\pi d^2/4} = 1.77\,\mathrm{m/s}$. ゆえに, ポンプ揚程 H_p は, $H_p = 12.07\,\mathrm{m}$.

ポンプの軸動力は, $L_w = \dfrac{\rho g Q H p}{\eta} = 6.63\,\mathrm{W}$.

8章

【1】 ぬれ縁長さ $s = 4.24\,\mathrm{m}$, 断面積 $A = 2.86\,\mathrm{m^2}$ であるから, 底面の勾配は, $\theta = (nQ)^2 A^{-10/3} s^{4/3} = 0.004$.

【2】 距離 l だけ離れた開きょの二つの断面間の圧力差 Δp による力は, 断面積を A とすれば流れ方向に $A\Delta p$ となる. 一方, ぬれ縁長さを s, せん断応力を τ とすれば壁面摩擦による力は流れ方向とは逆向き作用し, $\tau l s$ となる. 開きょを流体が一様に流れている場合, 両者の力がつりあい $A\Delta p = \tau l s$ を得る. ここで圧力差 Δp は等価直径を $4m$ とおくことにより $\Delta p = \lambda\{l/(4m)\}(\rho V^2/2)$ で表され, これを代入して整理すると, $\tau = (\lambda/8)\rho V^2$.

【3】 式 (8.8) より $\theta = (nV)^2/m^{4/3}$. 題意より, 流体の速度 V は $V = Q/(0.4 \times 0.6) \fallingdotseq 2.1\,\mathrm{m/s}$ であり, 水力平均深さ $m \fallingdotseq 0.17\,\mathrm{m}$. ゆえに, $\theta \fallingdotseq 4.6 \times 10^{-3}$.

【4】 題意より, 単位幅当りの流量 q は $q = Q/b \fallingdotseq 1.17\,\mathrm{m^2/s}$. 臨界水深は $h_c = (q^2/g)^{1/3} \fallingdotseq 0.518\,\mathrm{m}$. したがって, 臨界水深 h_c は水深 $1.2\,\mathrm{m}$ より小さく, 流れは常流. 一方, 題意より, 流体の速度 $V \fallingdotseq 0.97\,\mathrm{m/s}$, 水力平均深さ $m = 1$ より, 水路の底面勾配 i は式 (8.8) から $i \fallingdotseq 0.000\,273$.

【5】 題意より, 波の波長が水深に比べ小さく深水波である. 重力波による伝播速度は, 式 (8.32) より $c_p = \sqrt{g\lambda/(2\pi)} \fallingdotseq 0.177\,\mathrm{m/s}$. 一方, 表面張力の影響がある場合には, 水-空気界面で $\sigma = 0.072\,77\,\mathrm{N/m}$ より, 式 (8.32) から $c_p \fallingdotseq 0.233\,\mathrm{m/s}$.

【6】 浅水波では波の波長 λ は水深 h に比べ極端に長くかつ, 波の振幅 a が水深に比べ極端に小さい場合の波である. このような波では表面張力の影響は無視さ

れ，水面の圧力も一様に大気圧 p_0 に等しいと考えることができる。式(8.31)と同様に水面にベルヌーイの式を適用すると

$$\frac{\rho(u-c_p)^2}{2}+\rho g(h+a)+p_0 = \frac{\rho(u+c_p)^2}{2}+\rho g(h-a)+p_0$$

ゆえに，$uc_p = ga$ を得る。一方，水の上下運動は小さくこれを無視し，また，水平運動は深さ方向に同じ速度で運動するものとすると質量保存則から

$$(u-c_p)(h+a) = -(u+c_p)(h-a)$$

より，$uh = ac_p$ を得る。これら両式から $c_p = \sqrt{gh}$ となる。

9章

【1】 式 (9.3) から抗力係数は，$C_D = D/(\rho U_\infty^2 S/2) = 0.294$ となる。

【2】 $Re = u_\infty l/\nu = 0.5 \times 10^5 < 5 \times 10^5$。したがって，流れは層流。長さ l の単位幅の平板の摩擦抵抗は，板の両面を考えて式 (9.17) から，$D_f = 1.46 \times \sqrt{\mu \rho u_\infty^3 l}$。一方，平板の摩擦抗力係数 $C_f = 1.46/\sqrt{Re_l} = 6.54 \times 10^{-3}$ より，$D_f = 0.327$ N。

【3】 $Re_l = u_\infty l/\nu = 1.49 \times 10^6 > 5 \times 10^5$。したがって流れは乱流。$C_f = 0.0735/Re_l^{0.2} = 4.29 \times 10^{-3}$。したがって平板両面の摩擦抵抗 D は，$D = C_f(2Bl)\rho u_\infty^2/2 = 1.93$ N。

【4】 一様流中に置かれた物体の抗力は式 (9.3) で表される。ここで 3 次元物体である球の流れ方向に垂直な平面への投影面積は球の直径を d とすれば，$S = \pi d^2/4$ で表される。したがって，ストークス域においては $C_D = 24/Re$ で表され，これを式 (9.3) に代入すると抗力と速度との関係式は，$D = 3\pi \mu d U_\infty$ を得る。

一方，ニュートン域においては $C_D = 0.56$ であり，$D = 0.07 \rho \pi d^2 U_\infty^2$ となる。

【5】 連続の式およびナビエ・ストークス方程式において，u および v の x についての導関数を基準の大きさ 1 とする。$\partial u/\partial x \sim 1$ のオーダーより，連続の式から $\partial v/\partial y \sim 1$ となる。ところで y は物体壁面から垂直方向の距離で境界層の厚さ δ と同程度の大きさであることを考慮し，$\partial v/\partial y \sim 1$ より $v \sim \delta$ となる。したがって，ナビエ-ストークス方程式の x 成分において

$$\frac{\partial u}{\partial t} \sim 1,\ u\left(\frac{\partial u}{\partial x}\right) \sim 1,\ v\left(\frac{\partial u}{\partial y}\right) \sim 1$$

を得る。つぎに $p \sim \rho u^2 \sim \rho(u \sim 1)$ より，$(1/\rho)(\partial p/\partial x) \sim 1$ である。また，$\partial^2 u/\partial x^2 \sim 1$，$\partial^2 u/\partial y^2 \sim 1/\delta^2$ となるが，境界層の厚さ δ は 1 に比べ小さいとすれば $\partial^2 u/\partial x^2$ は $\partial^2 u/\partial y^2$ に比べて小さく，これを無視するとナビエ・ストー

クス方程式の x 成分は，結局

$$\frac{\partial u}{\partial t}+u\frac{\partial u}{\partial x}+v\frac{\partial u}{\partial y} = -1/\rho\left(\frac{\partial p}{\partial x}\right)+\nu\frac{\partial^2 u}{\partial y^2}$$

となる．一方，ナビエ・ストークス方程式の y 成分では，v を分子にもつ項はすべて 1 に比べて小さく，これを省略すると，$\partial p/\partial y = 0$ を得る．

【6】 $v = \{\Gamma/(2\pi R)\}\cos\theta$ を右辺第 1 項に代入すると

$$\int_0^{2\pi} v\cdot\rho U\cos\theta\cdot R\mathrm{d}\theta = \frac{\rho U\Gamma}{2\pi}\int_0^{2\pi}\cos^2\theta\mathrm{d}\theta = \frac{\rho U\Gamma}{2}$$

を得る．第 1 項と第 2 項は同じ値をもつゆえ $L = \rho U\Gamma$ となり，これをクッタ・ジューコフスキーの定理という．

10 章

【1】 式 (10.11) より音速 $a \fallingdotseq 343.1\,\mathrm{m/s}$ となり，マッハ数 $Ma = u/a \fallingdotseq 1.1$．

【2】 式 (10.9) を変形して，$T_0 - T = (\gamma-1)/(2\gamma R)u^2$ となり，これに数値を代入すると，$T_0 - T \fallingdotseq 44.8\,\mathrm{K}$．

【3】 式 (10.13) より，$u = a/\sin\alpha = 1\,003.24\,\mathrm{m/s}$ を得る．

【4】 $P^*/P_0 = \{2/(\gamma+1)\}^{\gamma/(\gamma-1)}$ より，$P^* \fallingdotseq 343\,\mathrm{kPa} > 101.2\,\mathrm{kPa}$ となる．ゆえに，ノズル出口面における圧力は，$P_e = P^* = 343\,\mathrm{kPa}$．また，温度は $T_e = T_0(P_e/P_0)^{(\gamma-1)/\gamma} = 237.5\,\mathrm{K}$ を得る．

【5】 音波は縦波でありかつ，微小な圧力変動を伴う波である．この音波が気流中で集積すると大きな圧力変動を伴う流れとなる．音波の伝播により圧力が上昇する波を**圧縮波** (compression wave) といい，逆に圧力が低下する波を**膨張波** (expansion wave) という．圧縮波が気流中で極端に集積すると，それに伴い急激な圧力上昇をまねき圧力が空間的に不連続に変化する．この現象が衝撃波である．このように衝撃波は圧力の不連続面として取り扱われる．

索　引

【あ】

亜音速流れ　161
圧縮性　11
圧縮率　7
圧　力　16
　——の中心　24
　——の等方性　22
圧力中心　152
圧力抵抗　136
圧力ヘッド　18,53
アルキメデスの原理　27
暗きょ　119

【い】

位相速度　131
位置エネルギー　51
位置ヘッド　53
一様流　44,120

【う】

ウェーバ数　90
渦あり流れ　43
渦　度　41
渦動粘度　99
渦なし流れ　43
運動エネルギー　51
運動量　57
　——の法則　58
運動量厚さ　140
運動量輸送理論　99

【え】

液柱計　19

【お】

エネルギー損失　61
エルボ　114

【お】

オイラー数　90
オイラーの運動方程式　10,38
オイラーの方法　33
応力テンソル　72
オリフィス　57
音　速　7,160
音速流れ　162
音　波　160

【か】

開きょ　119
外　層　149
回　転　40
回転円柱周りの流れ　48
角運動量　65
　——の法則　66
壁法則　101
カルマン渦列　143
カルマン・ニクラーゼ
　の式　105
干渉係数　155
完全気体　9
完全流体　10
管摩擦損失係数　104

【き】

気体定数　9
境界層　139
　——の厚さ　140
　——の遷移　145
境界層運動量方程式　147
境界層制御　145
境界層理論　11
凝集力　7
強制渦　46

【く】

クッタ・ジューコフス
　キーの定理　10
クッタの条件　155

【け】

傾斜微圧計　20
ゲージ圧　17
限界水深　127
限界速度　128
検査面　51
検査領域　51

【こ】

後　流　139
抗　力　135
抗力係数　137
極超音速流れ　162
コーシー・リーマンの
　関係式　44
混合距離　99

【さ】

最大揚力係数　153
先細ノズル　165

【し】

ジェシーの公式	122
ジェット推進	65
軸動力	117
次元解析	84
示差圧力計	20
指数法則	102
失速	153
失速角	153
実揚程	116
質量流速	50
絞り	111
射流	127
自由渦	45, 154
縦横比	152
収縮係数	110
重心	24
重力波	132
出発渦	154
主流	139
循環	42
衝撃波	168
衝撃波角	171
衝撃波管	169
状態方程式	9
常流	127
進行波	130
深水波	132

【す】

水撃現象	157
垂直衝撃波	169
水面波	130
水力学	2
水力平均深さ	107
水路	119
末広比	167
ストークスの定理	42
ストークスの流れ	146
ストローハル数	90
ずり変形	40

スロート	165

【せ】

静圧	55
静的温度	159
性能曲線	152
絶対圧	17
ゼロ揚力角	153
遷移	95
遷移領域	141
浅水波	133
せん断応力	4, 71
全揚程	116

【そ】

総圧	55
相似則	89
層流	93
——の境界層方程式	142
層流境界層	141
層流はく離	145
速度ヘッド	53
速度ポテンシャル	10, 43
束縛渦	154
そり線	151
損失係数	109
損失ヘッド	62

【た】

大気圧	16
対数法則	101
体積弾性係数	6
対流項	36
ダランベールの背理	11, 138
ダルシー・ワイスバッハの公式	104

【ち】

超音速流れ	162
跳水	129
チョーク	166
直線翼列	155

【て】

抵抗曲線	117
ディフューザ	112, 164

【と】

動圧	55
等エントロピー流れ	158
動粘性係数	6
動粘度	6
等方静水圧	22
トリチェリの定理	55
トレーサ法	32

【な】

内層	149
流れ関数	40
流れの可視化	32
斜め衝撃波	171
ナビエ・ストークスの方程式	74

【に】

ニクラーゼの式	105
2次元流れ	33
2次元ポアズイユ流れ	77
2次流れ	113
二重吹出し	46
ニュートンの粘性法則	5
ニュートン流体	5

【ね】

粘性	4
粘性圧縮性流体	13
粘性係数	5
粘性底層	100
粘度	5

【の】

ノズル	164
伸び縮み	40

索引　193

【は】

排除厚さ	140
はく離	142
はく離点	142
ハーゲン・ポアズイユ流	78
バザンの公式	122
パスカルの原理	22
バッキンガムのπ定理	87
波動	130

【ひ】

非圧縮性粘性流体	11
非圧縮性流体	7
非一様流	120
比重	4
微小じょう乱	160
非定常項	36
非ニュートン流体	5
非粘性圧縮性流体	11
標準大気圧	16
表面張力	7
表面張力波	132
広がり管の効率	112

【ふ】

複素速度ポテンシャル	44
双子渦	143
付着力	8
浮揚体	28
ブラジウスの式	104
プラントル・マイヤーの膨張流	171
浮力	28
フルード数	89
噴流	62

【へ】

ペルトン水車	64
ベルヌーイの定理	10, 52
偏角	171
ベンチュリ管	56

ベンド	113

【ほ】

ポアズイユの法則	78
法線応力	71
ボルダの口金	111

【ま】

摩擦速度	100
摩擦損失ヘッド	103
摩擦抵抗	136
マッハ円すい	162
マッハ角	162
マッハ数	7, 11, 90
マッハ線	162
マッハ波	162
マニングの公式	122

【み】

密度	2

【む】

迎え角	151
ムーディ線図	105

【め】

メタセンタ	29

【も】

毛管現象	8
モーメント係数	152

【ゆ】

有限差分法	80
有限要素法	80

【よ】

揚抗曲線	154
揚抗比	153
揚程曲線	117
揚力	135
翼	151

翼形	151
翼弦	151
翼弦長	151
翼幅	152
横波	130
よどみ点	55, 138
よどみ点温度	159

【ら】

ラグランジュの方法	33
ラバル管	165
ラプラスの方程式	10, 43
ランキンの組合せ渦	46
ランキン・ユゴニオの関係式	170
乱流	94, 143
——の境界層方程式	149
乱流境界層	141
乱流はく離	145
乱流斑点	141

【り】

理想気体	9
理想流体	10
流管	39
流跡線	39
流線	38
——の方程式	38
流速係数	122
流体	1
流体工学	2
流体力学	1
流脈線	39
流量	50
臨界圧力	166
臨界速度	95
臨界波長	132
臨界レイノルズ数	95

【れ】

レイノルズ応力	98
レイノルズ数	89

レイリーの問題	78	連続体	2	**【ろ】**
レオロジー	11	連続の方程式	35	ロード・レイリーの法則　86

【T】		**【U】**	
T-S 波	141	U 字管マノメータ	20

―― 著者略歴 ――

坂田　光雄（さかた　みつお）
1973 年　信州大学工学部機械工学科卒業
1975 年　信州大学大学院工学研究科修士課程修了（機械工学専攻）
1975 年　和歌山工業高等専門学校助手
1986 年　和歌山工業高等専門学校講師
1989 年　和歌山工業高等専門学校助教授
1997 年　博士（工学）（信州大学）
1998 年　和歌山工業高等専門学校教授
2013 年　和歌山工業高等専門学校名誉教授

坂本　雅彦（さかもと　まさひこ）
1986 年　金沢大学工学部機械工学科卒業
1988 年　神戸大学大学院工学研究科修士課程修了（機械工学専攻）
1988 年　新日本製鐵株式会社勤務
1990 年　奈良工業高等専門学校助手
1995 年　奈良工業高等専門学校講師
1995 年　博士（工学）（神戸大学）
1996 年　奈良工業高等専門学校助教授
2007 年　奈良工業高等専門学校准教授
2009 年　奈良工業高等専門学校教授
　　　　現在に至る
　　　　（1996〜1997 年，米国ミシガン大学へ文部省在外研究員として留学）

流体の力学
Mechanics of Fluids　　　© Mitsuo Sakata, Masahiko Sakamoto 2002

2002 年 12 月 26 日　初版第 1 刷発行
2017 年 1 月 30 日　初版第 9 刷発行

検印省略	著　者	坂　田　光　雄
		坂　本　雅　彦
	発行者	株式会社　コロナ社
		代表者　牛来真也
	印刷所	新日本印刷株式会社
	製本所	有限会社　愛千製本所

112-0011　東京都文京区千石 4-46-10
発行所　株式会社　コロナ社
CORONA PUBLISHING CO., LTD.
Tokyo Japan
振替 00140-8-14844・電話(03)3941-3131(代)
ホームページ　http://www.coronasha.co.jp

ISBN 978-4-339-04465-2 C3353　Printed in Japan　　　　　　　（柳生）

〈出版者著作権管理機構　委託出版物〉
本書の無断複製は著作権法上での例外を除き禁じられています。複製される場合は，そのつど事前に，出版者著作権管理機構（電話 03-3513-6969，FAX 03-3513-6979, e-mail: info@jcopy.or.jp）の許諾を得てください。

本書のコピー，スキャン，デジタル化等の無断複製・転載は著作権法上での例外を除き禁じられています。購入者以外の第三者による本書の電子データ化及び電子書籍化は，いかなる場合も認めていません。
落丁・乱丁はお取替えいたします。

機械系教科書シリーズ

(各巻A5判，欠番は品切です)

- ■編集委員長　木本恭司
- ■幹　　　事　平井三友
- ■編集委員　青木　繁・阪部俊也・丸茂榮佑

	配本順			頁	本体
1.	(12回)	機械工学概論	木本恭司 編著	236	2800円
2.	(1回)	機械系の電気工学	深野あづさ 著	188	2400円
3.	(20回)	機械工作法（増補）	平井三友・和田任弘・塚田忠夫 共著	208	2500円
4.	(3回)	機械設計法	朝比奈奎一・黒田孝春・山口健二・古川誠司・荒井　正・吉浜健斎己 共著	264	3400円
5.	(4回)	システム工学	古荒克洋蔵 共著	216	2700円
6.	(5回)	材料学	久保井徳恵原 共著	218	2600円
7.	(6回)	問題解決のための Cプログラミング	佐中藤次男・村理郎 共著	218	2600円
8.	(7回)	計測工学	前木押田村田良一至 共著	220	2700円
9.	(8回)	機械系の工業英語	牧生・高阪秀之雄 共著	210	2500円
10.	(10回)	機械系の電子回路	高阪比部茂本・橋晴俊・佑司・榮恭 共著	184	2300円
11.	(9回)	工業熱力学	丸木藪忠悸 共著	254	3000円
12.	(11回)	数値計算法	伊井山坂本・藤田崎田本・民恭友光・紀雄彦 共著	170	2200円
13.	(13回)	熱エネルギー・環境保全の工学		240	2900円
15.	(15回)	流体の力学	坂田明・口石村山・紘剛 共著	208	2500円
16.	(16回)	精密加工学	吉米内夫誠 共著	200	2400円
17.	(30回)	工業力学（改訂版）		240	2800円
18.	(18回)	機械力学	青木　繁 著	190	2400円
19.	(29回)	材料力学（改訂版）	中島正貴 著	216	2700円
20.	(21回)	熱機関工学	越老吉・智固本・潔部田・敏賢川・明一・光也・一弘明彦 共著	206	2600円
21.	(22回)	自動制御	阪飯早欅・田野松矢・川野松重・恭順洋敏男 共著	176	2300円
22.	(23回)	ロボット工学		208	2600円
23.	(24回)	機構学		202	2600円
24.	(25回)	流体機械工学	小丸矢牧・池茂尾野・榮匡州秀・佑永 共著	172	2300円
25.	(26回)	伝熱工学		232	3000円
26.	(27回)	材料強度学	境田彰芳 編著	200	2600円
27.	(28回)	生産工学 ―ものづくりマネジメント工学―	本位皆・田川光健・重多郎 共著	176	2300円
28.		CAD／CAM	望月達也 著		

定価は本体価格+税です。
定価は変更されることがありますのでご了承下さい。

図書目録進呈◆